der sechzehnte Band der Schriftenreihe der Heinrich-Böll-Stiftung

Christa Wichterich
Heinrich-Böll-Stiftung (Hrsg.)
Die Erde bemuttern
Frauen und Ökologie nach dem Erdgipfel in Rio
Berichte, Analysen, Dokumente
Köln 1992
ISBN 3-927760-15-3

1. Auflage November 1992
Redaktion: Bernd Rheinberg
Druck: Farbo, Köln
Papier: 100% Altpapier, chlorfrei aufgearbeitet
Preis: DM 10,-

Bestellungen bitte an:
Heinrich-Böll-Stiftung e.V.
Unter Krahnenbäumen 9
5000 Köln 1

Christa Wichterich

Die Erde bemuttern

Frauen und Ökologie

nach dem Erdgipfel in Rio

Berichte, Analysen, Dokumente

Heinrich-Böll-Stiftung e.V.

(Hrsg.)

Inhalt

VORWORT

"Mutter Erde" ist weiblich. Die Natur ist weiblich. Ist auch ihre Rettung weiblich?

Frauen ist eine besondere Verbindung zur Natur zugeschrieben worden - nicht nur in unserer Gesellschaft und Geschichte. Diese kulturelle Zuschreibung und der tatsächliche Naturbezug von Frauen bestätigen sich wechselseitig: In den Ländern des Südens sind vor allem sie es, die Bäume pflanzen, Erosionsdämme anlegen und ökologisch angepaßte Landwirtschaft mit Mischkulturen und Mulch betreiben. In unseren Breiten schleppen sie Altglas zu diversen Containern, pflegen die wachsende Zahl umweltkranker Kinder und protestieren gegen Müllverbrennungsanlagen in ihrer Nachbarschaft.

Die Frau-Natur-Verbindung ist ein zentraler Bezugspunkt, wo auch immer das Thema "Frauen und Ökologie" auftaucht, in der Frauenbewegung, der Umweltbewegung oder in der entwicklungspolitischen Debatte.

Dabei fallen in unserem Land eine Reihe von Widersprüchen unmittelbar ins Auge. Das ökologische Bewußtsein ist im letzten Jahrzehnt kontinuierlich gewachsen, doch dieses Bewußtsein bestimmt nicht das Handeln von Frauen: die meisten Frauen haben vielmehr teil an der kollektiven Verdrängung von Umweltzerstörung. Wo sich aber Frauen politisch engagieren, an der Basis nämlich, in lokalen Umweltinitiativen, stoßen sie auf ein Paradox: Frauen machen die Umweltinitiativen, doch Männer leiten die Umweltverbände und machen die Umweltpolitik.

In der bundesdeutschen Frauenbewegung ist Ökologie seit der Debatte über Tschernobyl kein Thema mehr, zumindest kein diskutiertes. Daran hat auch die UN-Konferenz über Umwelt und Entwicklung, UNCED, nichts geändert. Dagegen hat die Konferenz auf internationaler Ebene mobilisierend gewirkt: Frauen haben sich selbst organisiert und in die

Vorbereitung und Durchführung der Konferenz mit eigenen Positionen und Forderungen eingemischt.

Die vorliegende Veröffentlichung stellt die Erfahrungen von Frauen im UNCED-Prozeß dar. Sie greift die Hauptströmungen der internationalen philosophischen und entwicklungspolitischen Debatte um Frauen, Ökologie und Entwicklung auf und beschreibt an Fallbeispielen aus dem Süden und Norden, welche Dilemmata ökologisches Handeln von Frauen blockieren.
Dabei verfolgt sie drei zentrale Fragestellungen:

* Welche Rolle weist die Umweltpolitik den Frauen zu?
* Wie begreifen Frauen sich selbst im Trümmerfeld von Naturzerstö rung und -reparatur?
* Wo liegen Ansätze für politische Handlungsstrategien?

Besonderes Anliegen ist es, sowohl in der Analyse als auch bei der Suche nach Handlungsperspektiven Süden und Norden zusammenzusehen. Gleichzeitig sollen feministische, umwelt- und entwicklungspolitische Diskussionsstränge miteinander verknüpft werden.

"Es ist Zeit, die Erde zu bemuttern", sagte Margarita Arias, Präsidentschaftsanwärterin aus Costa Rica, zur Eröffnung des "Weltfrauenkongresses für einen gesunden Planeten" Anfang November 1991 in Miami.
Dieses Buch will die Möglichkeiten dazu aufzeigen.

Christa Wichterich, November 1992

I.
Frauen im UNCED-Prozess
- Sichtbar, Aktiv, Beredt -

Frauen haben sich in die Vorbereitung und Durchführung der UN-Konferenz über Umwelt und Entwicklung (UNCED) eingemischt und zwar in zweifacher Form: durch Einflußnahme auf die UN-Verhandlungen und durch einen autonomen Prozeß der Selbstorganisierung mit dem Ziel, eigene Positionen zu erarbeiten. Die folgende Chronik der Ereignisse zeichnet das Verhältnis von Interessenpolitik im UNCED-Prozeß und autonomer Standortbestimmung nach, nimmt zentrale Argumentationslinien der Debatten auf und fragt nach dem Erfolg der Einlassung auf den von den Vereinten Nationen bzw. den Regierungen mit Themen, Dokumenten und Daten vorgegebenen Prozeß. Damit soll die Einmischung von Frauen in den UNCED-Prozeß als Lernprozeß für andere UN-Konferenzen nutzbar gemacht werden.

1.Phase
Der Weg aus der Unsichtbarkeit

Eine Durchsicht der Entwürfe der Konferenz-Dokumente nach dem ersten Treffen des UNCED-Vorbereitungskomitees (PrepCom) zeigte, daß Frauen in jenen Zustand der Unsichtbarkeit zurückgeworfen worden waren, den die UN-Frauendekade (1975-85) zu überwinden gehofft hatte: sie blieben nämlich sowohl in den Entwürfen zu den angezielten Konventionen als auch in der Agenda 21, dem Aktionsprogramm für den Weg ins nächste Jahrtausend - außer in der Passage über Armut - unerwähnt.

Frauen aus Nicht-Regierungs-Organisationen (NGOs), aus der autonomen Frauenbewegung und einige gestandene Politikerinnen begannen deshalb gezielt Einfluß auf die Verhandlungen zu nehmen. Erster Erfolg war die Einsetzung einer Koordinatorin für Frauenanliegen im UNCED-Büro in Genf. Sie arbeitete einen Fragebogen zur "Rolle von Frauen in nachhaltiger Entwicklung"[1] aus, der den Länderdelegationen als Kontrollinstrument zur Überprüfung ihrer nationalen Berichte dienen sollte.

Ein erster Workshop (Genf, März 1991) des UN-Non-Governmental-Liaison-Service zum Thema "Frauen, Umwelt und Entwicklung" kam zu dem Fazit: Frauen dürfen nicht, wie bisher oft geschehen, nur als Leidtragende von Umweltzerstörung und Ressourcenverknappung gesehen werden, sie sind gleichzeitig der größte Aktivposten in Sachen Umweltschutz. Die Marginalisierung von Frauen geht einher mit der Degradierung der Umwelt und ist ein wichtiger Indikator für eine nicht-nachhaltige Entwicklung.

Wenig später veranstaltete das UNCED-Sekretariat ein Symposium "Frauen und Kinder zuerst". Das Thema war Programm: bei der Analyse des Zusammenhangs von Armut und Umweltzerstörung wurde von der Situation von Kindern und Frauen ausgegangen, ihre Bedeutung beim Erhalt und Schutz der Umwelt betont und gefordert, daß ihre Bedürfnisse und Leistungen Ausgangspunkt aller Umwelt- und Entwicklungspolitik sein müßten.

Für das 3. Prepcom-Treffen (Genf, August 1991) formierte sich eine ad-hoc Gruppe engagierter Umweltschützerinnen und Frauenrechtlerinnen aus aller Welt: Women's Environment and Development Organisation, WEDO, unter Leitung der ehemaligen US-amerikanischen Congreß-Abgeordneten Bella Abzug. WEDO trat mit dem Anspruch auf, daß UNCED "Frauen nicht nur als Opfer (was sie auch sind), sondern als gleichberechtigte PartnerInnen im Politikprozeß sehen müsse"[2]. Ihre Versuche, den UNCED-Prozeß zu beeinflussen,

---

1 Der für die gesamte Entwicklungsdebatte schlüsselhafte Begriff der sustainability wird im folgenden mit Nachhaltigkeit oder Dauerhaftigkeit übersetzt. Zum Modebegriff avanciert, wird er inhaltlich inzwischen sehr unterschiedlich gefüllt. Die Kontroversen bewegen sich zwischen den beiden Polen, daß nachhaltiges Wirtschaften mit Wachstum vereinbar ist oder aber Wachstum ausschließt.

2 Alle Übersetzungen aus dem Englischen sind von der Verfasserin.

verstanden sie als "Lobbyarbeit" für Frauen.[3] Diese mündete in dem Beschluß der Delegierten, bei der Konferenz in allen Verhandlungen und Dokumenten "zu gewährleisten, daß die wirtschaftlich, sozial und für die Umwelt bedeutenden Leistungen von Frauen für nachhaltige Entwicklung (...) als Querschnittsthema (...) gewürdigt werden", um auf eine Beteiligung von Frauen an der Wissenserzeugung, an Entscheidungen und am Umweltmanagement hinzuwirken und sicherzustellen, daß die vorgeschlagenen Maßnahmen für eine nachhaltige Entwicklung positive Auswirkungen auf Frauen haben.
Diese Zusage nahmen Aktivistinnen und Wissenschaftlerinnen zum Anlaß, eine Standortbestimmung von Frauen in Sachen Umwelt in die Wege zu leiten. Denn mit welchen Forderungen sollten Frauen aus Nord, Süd und Ost im UNCED-Prozeß auftreten? Wie sieht das gemeinsame Interesse von Frauen aus verschiedenen Kulturen, sozialen Klassen und Völkern an der Rettung der Erde konkret aus?
Zwei internationale Konferenzen im November 1991 legten das Fundament für eine Positionsklärung.

---

3 Im UNCED-Prozeß wurde der negativ besetzte Lobby-Begriff von den Nicht-Regierungs-Organisationen, die sich wie noch nie zuvor bei einer UN-Konferenz einzumischen versuchten, positiv definiert. Auch WEDO verstand ihre Arbeit ausdrücklich als "Lobbying", konkret: sie bemühte sich, Regierungsdelegierte dafür zu gewinnen, daß sie sich in den Verhandlungen für eine Berücksichtigung von Fraueninteressen stark machen. (WEDO, 1992, S.3) Die Verwendung des Begriffs für die Durchsetzung von Fraueninteressen ist problematisch, bezeichnete er doch bisher immer das Einbringen von Partikularinteressen in das Spektrum und die Konkurrenz vielfältiger Interessen in der repräsentativen Demokratie. Frauen stellen jedoch die Bevölkerungsmehrheit und ihre Anliegen sind nicht partikular, sondern beziehen sich auf das Gesamt der Gesellschaft.

Aus der Abschlußerklärung des Symposiums
"FRAUEN UND KINDER ZUERST"

Zu Abholzung:
Das Ziel, die Partizipation von Frauen und Kindern an Forstentwicklungsmaßnahmen zu fördern, ist nicht Partizipation per se, sondern es geht darum sicherzustellen, daß die Bevölkerung von einem besseren Zugang zu Ressourcen und deren Kontrolle profitiert.

Zum Zusammenhang von Umwelt und Entwicklung:
Eine effiziente Strategie, die Probleme der Umweltzerstörung in Angriff zu nehmen, sollte ihr Schwergewicht nicht auf Ressourcen oder Produktion setzen, sondern auf Menschen. Eine Neubewertung des Weltwirtschaftsystems, das Nationen zwingt, althergebrachte Praktiken aufzugeben, Frauen zu marginalisieren und die Umwelt zu zerstören, um Schuldentilgungsverpflichtungen nachzukommen, ist notwendig.

2. Phase
Standortbestimmung
"Weltversammlung: Frauen und Umwelt - Partner im Leben"

Organisiert von dem UN-Umweltprogramm UNEP und dem Frauennetzwerk WorldWIDE trat die "Weltversammlung: Frauen und Umwelt" mit dem Konzept an, eine positive Bilanz der Umweltaktivitäten von Frauen aufzumachen: "Es ist an der Zeit, daß wir alle wieder Hoffnung schöpfen. Die Probleme sind überanalysiert." Hoffnungsträgerinnen in der problemüberlasteten globalen Situation sollen Frauen sein. Von ihnen ist zu lernen, "wie das Mißmanagement auf nationaler und lokaler Ebene durch hausgemachte Anstrengungen und mit begrenzten Ressourcen reduziert werden kann" (UNEP-Direktor Mostafa Tolba in seiner Eröffnungsrede). Dieses Konzept würdigte die weltweiten Leistungen von Frauen, die die Natur vor weiterer Zerstörung bewahren und Schäden beseitigen, und wollte Basisaktivistinnen durch den Erfahrungsaustausch in ihrem Engagement ermutigen.

Geladen waren Repräsentantinnen von 218 Projekten und Basisgruppen, um darüber zu berichten, wie sie ihre Familien, Dörfer oder Slumviertel erfolgreich mit Wasser und Energie versorgen, wie sie Abfall beseitigen und lokale Ressourcen ökologisch angepaßt nutzen. Erfolgskriterien waren: erschwinglich, wiederholbar, nachhaltig. Von den "Erfolgsgeschichten" der Frauen sollten sich sowohl die "Mentoren" genannten VertreterInnen von Geberinstitutionen und Regierungen als auch "Young Generation Leaders", junge Frauen, die in Zukunft Führungspositionen übernehmen sollen, inspirieren lassen.

In ihren Berichten zeichneten die Frauen eine breite Palette von defensiven und konstruktiven Aktivitäten des Umweltschutzes, wobei vielfach schiere Überlebensnot der Motor ist: sie kämpfen gegen industrielle Abholzung und forsten selbst auf, sie protestieren gegen Giftmüll oder kompostieren und recyceln Haushaltsabfälle, sie demonstrieren gegen Staudämme und Atomkraftwerke, von denen sie ihren Lebensraum und ihre Gesundheit bedroht fühlen, und bauen Solarkocher und Trinkwasserdepots.

Erfolgsgeschichten

Im indischen Bundesstaat Gujarat, wo das Grundwasser in Küstennähe versalzen ist, waren die Wasserleitungen, die die Regierung vor Jahren in die Dörfer verlegt hatte, seit langem leck. Frauengruppen hoben Becken aus, befestigten sie und sammelten darin Regenwasser, das durch Sand gefiltert, als Trinkwasser nutzbar ist. Die Behörden verweigerten der Fraueninitiative zunächst ihre Unterstützung, kam dies doch einem Eingeständnis des eigenen Mißmanagements gleich. Erst nach zähem Kampf erreichten die Frauen eine Anerkennung ihrer Arbeit.

Typisch für die Lösungsstrategien von Frauen, nicht nur in den Ländern des Südens, ist, daß sie dezentral planen und handeln; sie nutzen überbrachtes Wissen und herkömmliche Technologien, sie greifen auf die kulturelle und spirituelle Verankerung des Respekts vor der Natur zurück. Selbst in den Slums der Megastädte arbeiten sie nach "ländlichen"

Modellen: kleine Gruppen organisieren Aktionen, nutzen lokale Ressourcen, passen preisgünstige Technologien eigenen Bedürfnissen an. Die Teilnehmerinnen in Miami beschieden sich jedoch nicht mit der zugewiesenen Aufgabe der positiven Bilanzierung und des Selbsthilfe-Optimismus. Quer zum Konzept der VeranstalterInnen ordneten sie ihre "Erfolgsgeschichten" realistisch in die Topographie gesellschaftlicher und umweltpolitischer Macht und Interessen ein. Ihr Fazit war nüchtern: die Reparaturtätigkeit in der zerstörten Umwelt bringt Frauen mehr Arbeit und Verantwortung, nicht aber mehr Entscheidungsmacht und Verfügungsrechte z.B. über die Bäume, die sie pflanzen, oder über das Land, das sie kultivieren. Im Gegenteil: Ihre Kenntnisse und Interessen finden keine Beachtung, wenn umweltpolitische Konzepte entworfen werden. Entsprechend haben Frauen die bittere Erfahrung gemacht, daß die Verbreitung, Vernetzung und Umsetzung ihrer lokalen Initiativen in politischen Druck häufig scheitern: am Mangel demokratischer Strukturen, an der Mißachtung von Menschenrechten oder an einem Bollwerk politischer und wirtschaftlicher Interessen. Oft werden die Initiativen zerrieben oder unterlaufen durch die Wirtschaftskrise mit galoppierenden Inflationsraten und durch andere politische Prioritätensetzung, z.B. auf Energieversorgung der Industrie, Wasserversorgung für die Exportlandwirtschaft usw. Das zeigt zum einen, daß Umwelt-, Wirtschafts- und Wissenschaftspolitik die Interessen von Frauen an einer Grundbedürfnisbefriedigung fortgesetzt hintan stellen. Es bedeutet aber auch, daß Frauen und ihre hoffnungsvollen Basisaktivitäten die Spirale des Ökozids nicht aufhalten können. Sie leisten Sisyphusarbeit, während Armut im Süden und Ressourcenvergeudung im Norden, Verschuldung und ungerechte Weltmarktpreise den Raubbau an der Natur vorantreiben.

Fazit: Ohne Veränderungen der nationalen und internationalen Wirtschaftsstrukturen sowie der politischen Entscheidungspyramiden bleiben die Frauen lediglich Hoffnungsträgerinnen in lokalen Nischen, mit begrenzter Wirkung.

Indem die Konferenzteilnehmerinnen die wirtschaftlichen und politischen Bedingungen von Umweltzerstörung auf die Tagesordnung setzten, forderten sie das Verursacherprinzip zur Krisenbewältigung ein und wandten sich damit gegen das Krankenschwesternprinzip, das die Konferenz zu ihrem Programm erklärt hatte. Sie stellten das Prinzip Hoffnung vom Kopf auf die Füße. Gleichzeitig überwanden die Frauen mit der Ursachenbenennung die Segmentierung der Umweltproblematik in: Frauen und Energie, Frauen und Abfall, Frauen und ... Damit schlugen sie dem engen Sektorkorsett der Konferenzkonzeption ein Schnippchen, die dem in der Entwicklungspolitik üblichen reduktionistischen Ressortdenken folgte.
Als Schritte hin zu einer nachhaltigen Entwicklung forderten die Teilnehmerinnen von Regierungen und Geberinstitutionen:
* Basisaktivitäten von Frauen sollen stärker unterstützt und zum Ausgangspunkt einer dezentralen Entwicklungsplanung gemacht werden.
* Umweltschutz-Initiativen und Selbsthilfe-Projekte können nur nach haltig sein, wenn sie Frauen dauerhaft Kontroll- und Verfügungsrechte über Ressourcen verschaffen.
* Frauen müssen an allen umweltpolitischen Entscheidungsprozessen angemessen beteiligt werden, damit sie ihr Wissen, ihre Erfahrung und ihr primäres Interesse an einer Grundversorgung einbringen können.

Schlüsselbegriff war ***empowerment***, nämlich Machtgewinn von Frauen, durch Stärkung von Basisinitiativen, politische Partizipation und Zugriffsrechte auf Ressourcen.

Die VertreterInnen von Regierungen und Geberinstitutionen zeigten sich in Miami beeindruckt von soviel Sachkenntnis und Erfahrung und versprachen für die Zukunft
* mehr Unterstützung für eigenständige Ansätze der Frauen,
* weniger Import von Expertise und Technologie,
* weniger Planung von oben und außen.

"Weltfrauenkongreß für einen gesunden Planeten"

Als Werkstatt zur Positionsklärung organisierte WEDO in Miami im Anschluß an die "Weltversammlung" den "Weltfrauenkongreß für einen gesunden Planeten" (8.-12.11.91). Ziel war, eigene Prioritäten, Einschätzungen und Forderungen zu formulieren, um den männerdominierten Delegationen nicht die Definitionsmacht über das gesamte Umweltthema und über die Rolle von Frauen in Lösungsstrategien zu überlassen.

Der Kongreß war mit 1342 Teilnehmerinnen aus 83 Ländern das größte NGO-Vorbereitungstreffen im UNCED-Prozeß.[4] Er wurde als Tribunal mit 15 Klägerinnen inszeniert, die vor fünf namhaften Richterinnen Zeugnis über die wirtschaftlichen und politischen Ursachen lokaler Umweltzerstörungen und der globalen Ökokrise ablegten. Die Form des Tribunals war Symbol dafür, daß Frauen sich anmaßen - "sich zum Maß machen" -, über den Zustand unseres Planeten Gericht zu halten.

In den Eröffnungsreden betonten Bella Abzug und Margarita Arias aus Costa Rica, daß die Geringschätzung von Natur und Frauen im herrschenden Zivilisationsmodell Hand in Hand gehen und Frauen mit "moralischer Autorität" Umweltprobleme als Indikatoren für die ethische Widersprüchlichkeit, ja, Verlogenheit unserer Zivilisation werten.

Dreh- und Angelpunkt der Zeugnisse der Anklage waren die Erfahrungszusammenhänge von Frauen in der ökologischen Krise. Mit dem frauenspezifischen Blick auf den Gesamtzusammenhang von Entwicklung und Umwelt wurde der Ausbruch aus den Problem- und Leidensnischen fortgesetzt, den Frauen auf dem Global Forum 1985 in Nairobi begonnen hatten. Es ging um's Ganze. Die Anklagen sollten

---

4 Davon waren fast 600 Nordamerikanerinnen, 230 Frauen aus Afrika, 188 aus Lateinamerika, 126 aus Europa, 82 aus Asien. Frauen aus Osteuropa waren völlig unterrepräsentiert und beeinflußten die Debatte kaum. Das professionelle Spektrum war ebenso breit, aber eindeutig kopflastig: Wissenschaftlerinnen, Ärztinnen, Lehrerinnen, Bäuerinnen uvm. Vetreterinnen von deutschen Frauenverbänden bzw. aus der autonomen Frauenszene spielten keine nennenswerte Rolle, weder auf diesem Kongreß in Miami noch bei der Lobbyarbeit im UNCED-Prozeß.

"die Verflechtung von Wirtschaftssystem, Zerstörung des Planeten und Unterdrückung von Frauen" (Peggy Antrobus von DAWN) transparent werden lassen. Während es in der Diktion einiger Rednerinnen Anklänge an den Ökofeminismus gab, setzte sich in der Analyse der holistische Ansatz von DAWN, eines Zusammenschlusses von Wissenschaftlerinnen und Aktivistinnen aus dem Süden, durch.

Die zentralen Argumentationsstränge in den "Zeugnissen der Anklage" kreuzten sich immer wieder an fünf Nahtstellen: Weltmarkt, Militarismus, Wissenschaft und Technik, Demokratie und das Entwicklungsmodell als Gesamtsystem.

Weltmarkt und Verschuldung Die horrende Staatsverschuldung bei gleichzeitig sinkenden Rohstoffpreisen auf dem Weltmarkt bewirken in den Ländern des Südens einen Raubbau an den Ressourcen ohne jede Folgenabschätzung. Wo zur Devisenerwirtschaftung die besten Böden mit Monokulturen von Exportprodukten bepflanzt und rasch mit Agrochemikalien vergiftet oder für Viehzucht genutzt werden, wird der Anbau für den Eigenbedarf und die lokalen Märkte, der in den meisten Regionen überwiegend Frauendomäne ist, auf marginale Böden verdrängt. Wo die letzten Tropenwälder zwecks schneller Profite und Schuldentilgung kahlgeschlagen werden, verlieren indigene Völker ihre Wirtschaftsgrundlage, die wesentlich auf der Sammeltätigkeit von Frauen beruht. Ökosysteme für die Selbstversorgungswirtschaft der Armen werden oft irreparabel zerstört, fruchtbares Land künstlich verknappt. Mit den Einnahmen für Exportprodukte wie Kaffee, Kakao und Tee können Kleinbäuerinnen aufgrund des Preisverfalls ihre Produktionskosten nicht mehr decken.

Nahrungsmittel aus Europa, von Gemüsezwiebeln bis zu tiefgekühlten Hähnchen, verbilligt durch die EG-Subventionspolitik, werden nach Afrika exportiert, wo sie lokale Nahrungsmittel verdrängen und damit die Absatzmöglichkeiten von KleinbäuerInnen auf lokalen Märkten untergraben. Gleichzeitig schotten die Industriestaaten sich durch einen forcierten Handelsprotektionismus gegen Konkurrenzprodukte aus den Ländern des Südens ab.

Auch der Export von Giftmüll aus den Industrienationen in Länder des Südens dient der Reduzierung von Umweltkosten und minimiert gleichzeitig das Eigenrisiko der Länder des Nordens. So kann der Kampf von Frauen im Norden gegen Sondermülldeponien und Müllverbrennungsanlagen dazu führen, daß im Süden die Gesundheit von Frauen und die ihrer Familien durch den Import von Wohlstandsmüll aus dem Norden bedroht wird.
Strukturanpassungsprogramme, die die Weltbank und der Internationale Währungsfonds als wirtschaftliche Reformpakete zur Gesundung der maroden Volkswirtschaften verordnen, setzen auf Deregulierung. Dies hat zur Folge, daß die Investitions- und Gewinnbedingungen privater Unternehmer auf dem freien Markt verbessert und legislative Beschränkungen zur Ausbeutung von Ressourcen aufgehoben werden. Gleichzeitig werden durch die Kürzung staatlicher Sozialausgaben die privaten Haushalte zunehmend belastet. Es sind vor allem Frauen, die die Abwälzung wirtschaftlicher und sozialer Kosten auf die privaten Haushalte durch Mehrarbeit und Findigkeit auffangen und abfedern. In einigen Regionen, z.B. auf den Philippinen, bessern sie durch Prostitution in der Tourismusbranche oder durch Migration als billige Arbeitskräfte in wohlhabendere Länder die Devisenkasse ihrer Staaten auf.

Erfolgsgeschichten

In Kalifornien riefen Frauen ein Projekt "Rettet die Delphine" ins Leben. Denn im Ost-Pazifik haben Thunfisch-Fänger sechs Millionen Delphine mit ihren riesigen Netzen getötet, weil die begehrten Thunfische unter den Delphinen schwimmen. Die Öffentlichkeitskampagne nötigte die größten Hersteller von Dosenthunfisch, in Zukunft ihre Ware nur noch von Fangflotten aufzukaufen, die kein "Delphin-Massaker" begehen.

Während die Feminisierung der Armut voranschreitet, geraten Frauen immer tiefer in das Dilemma, mehr Geld verdienen zu müssen, obwohl die Krise ihre Wirtschaftsspielräume immer weiter stranguliert. Dieses Dilemma können sie oft nur durch Überausbeutung von Ressourcen, d.h. auf Kosten der Natur lösen.

Derweil profitiert der Norden doppelt: durch den Nettokapitalzufluß und die billige Versorgung mit Rohstoffen. Erst Schuldenstreichung und Kompensationszahlungen würden armen Ländern Chancen zu einer ressourcenschonenden nachhaltigen Entwicklung und Frauen bessere Möglichkeiten der Überlebenssicherung eröffnen.

Militarismus Kriegsvorbereitung, -spiele und -ernstfälle sind die größte Bedrohung für alles Leben auf der Erde. Der Golf-Krieg hat die innere Logik aller Kriege technisch perfektioniert, nicht nur ein Feldzug gegen menschliche Existenz zu sein, sondern ein komplexer Angriff auf Ressourcen, Wasser, Luft, Boden und Nahrungsmittel. Herstellung und Tests von Waffen verschlingen nicht nur große Anteile von Staatsbudgets, sie vergeuden auch in hohem Maße Ressourcen und erzeugen Schadstoffe und Giftmüll; Nuklearversuche (1900 seit 1945) und Raumfähren zerstören die Erdatmosphäre.

Seit 1948 werden im Pazifik Atomtests durchgeführt, die eine große Anzahl von Fehlgeburten und Mißbildungen von Föten wie die jelly fish babies, die keinen Knochenbau entwickeln, zur Folge haben. Auf einigen Inseln hängen Frauen Fisch vor der Zubereitung auf eine Wäscheleine; nur wenn er Fliegen anzieht ist er genießbar. Frauen erkranken wegen der Gewebeempfindlichkeit von Brust und Gebärmutter signifikant häufiger an Krebs infolge radioaktiver Verstrahlung als Männer.
Während die Produktion und Erprobung von Nuklearwaffen als produktiv für das Wirtschaftswachstum gilt, taucht unbezahlte Haushaltsarbeit und z.B. der achtstündige Gang einer Tansanierin zur Wasserstelle in keiner UN-Statistik als "produktive" Tätigkeit auf.

Wissenschaft und Technik Hand in Hand mit der Privatindustrie treiben Wissenschaft und Technik die Kommerzialisierung von Natur sowie ihre Herrschaft über Leben und Tod voran. Während die Militärtechnologen ihre Vernichtungsmethoden optimieren, sind Gen- und Reproduktionstechnologien bemüht, die Produktion von Leben in ihre Kontrolle zu nehmen, d.h. in ihre Laboratorien zu verlagern. Der weibliche Körper wird von der modernen Reproduktionsmedizin als Rohstoffarsenal zur Herstellung menschlichen Lebens betrachtet mit dem Ziel, in Zukunft menschliches Leben mit Qualitätssiegel in der Retorte erzeugen zu können. Gleichzeitig versucht die Gentechnologie, die landwirtschaftliche Produktion immer mehr in einen Schöpfungsakt privatwirtschaftlicher Labors zu verwandeln.

Bereits die Grüne Revolution, die Modernisierung der Landwirtschaft durch Einsatz von Agrartechnik und -chemie, zerstörte den Zyklus von Anpflanzen, organischer Düngung und Saatgutgewinnung. Sie verbreitete mit Hybridsorten und Agrochemikalien den Mythos künstlich erzeugter Fruchtbarkeit. Die moderne Biotechnologie treibt die Zerstückelung von Natur durch gentechnische Manipulation und ihre Privatisierung durch Patentierung von manipulierten, "neu geschaffenen" Genen und Samen voran. Bäuerinnen und Bauern werden dessen beraubt, was immer ihr Eigentum war und durch ihre generationenlange Arbeit veredelt wurde: angepaßtes Saatgut. Auch die Länder des Südens, in denen der größte Teil der globalen Biodiversität beheimatet ist, werden ihrer genetischen Ressourcen enteignet - eine neue Dimension des Kolonisierungsprozesses und die Grundlage für eine weitere Verschuldung der Länder, wenn sie in Zukunft teures Saatgut von Agrokonzernen kaufen müssen, statt es selbst zu reproduzieren. Zu befürchten ist deshalb, daß die Gentechnologie statt Ernährungssicherung eine größere wirtschaftliche Abhängigkeit des Südens und statt Erhalt der biologischen Vielfalt eine genetische Uniformität bringt.

Nicht nur in der Gentechnologie, sondern grundsätzlich sehen etablierte Politiker und Wirtschaftsexperten des Nordens den Schlüssel zur Lösung von Umweltproblemen in Technologien zum Ressourcenschutz und -management. Die Regierungen des Südens hoffen nicht weniger auf eine technologische Rettung aus der Ökokrise und feilschen lediglich um einen kostengünstigen Transfer in ihre Länder. Absehbar ist jedoch, daß der Import von Umwelttechnologie, die wie alle high tech als Männerdomäne gilt, die Kenntnisse und Technologien der Einheimischen, vor allem die Erfahrungsweisheit der Frauen, weiter entwerten und marginalisieren wird.

Demokratiemangel und Rechtsverletzung Sowohl indigene Völker als auch Frauen werden in ihrem Zugang zu und ihrer Verfügung über Ressourcen zunehmend entrechtet und enteignet: Regierungen erklären Gemeindeland, Wälder oder die Weidegründe von Nomaden zu Staatseigentum und schließen Einheimische von ihrer Nutzung aus. Großgrundbesitzer schlucken das Land verarmter Kleinbauern, korrupte Machteliten sichern sich die Einschlagskonzessionen an Wäldern. Frauen verlieren durch Individualisierung und Verrechtlichung von Landbesitz und Landreformen ihre traditionellen Nutzungsrechte, sie werden von der Kommerzialisierung aller Biomasse überrollt. Staudammprojekte vernichten die Lebens- und Kulturraum indigener Völker, Industrien und Atomkraftwerke arbeiten ohne jede Rücksicht auf Umwelt und die Gesundheit von ArbeiterInnen und AnwohnerInnen.
Durch den Mangel demokratischer Rechte und partizipatorischer Strukturen bis hin zur Mißachtung zentraler Menschenrechte sind die Betroffenen den Übergriffen auf ihre Lebensgrundlagen und Rechtsverletzungen nahezu schutzlos ausgeliefert. Eine Rechenschaftspflicht und eine demokratische Überwachung von Regierungen und transnationalen Konzernen, die sich längst jeder national-staatlichen Kontrolle entziehen, ist notwendige Voraussetzung zum Schutz der Rechte einheimischer Völker.

Erfolgsgeschichten

In Rivers State in Nigeria mußten Dorffrauen mit ansehen, wie das marine Leben in Flußarmen und Buchten durch Verschmutzung infolge von Ölbohrungen und durch Übernutzung langsam zugrunde ging. Um Fische und Mangrovenwälder zu erhalten, stellten die Frauen einen Nutzungsplan auf: Jedes Jahr ist während der Brutzeit die Nutzung bestimmter Flußarme verboten, damit Fische und Flora sich regenerieren können. Für ihre Aktion holten die Frauen sich Unterstützung von Dorfältesten und Medizinmännern, die einen Fluch über diejenigen Fischer aussprachen, die dem Verbot zuwiderhandeln.

In vielen Ländern scheitern auch Umweltinitiativen an autoritär-staatlicher Blockierung oder dem Widerstand der wirtschaftlich Mächtigeren. Nicht nur in den früheren real-sozialistischen Ländern gab es Beispiele dafür, daß Regierungen WissenschaftlerInnen die Veröffentlichung von empirischen Studien zu gesundheitsgefährdenden Umweltschäden untersagten und BasisaktivistInnen mundtot machten.

Entwicklungsmodell Ein erstes Fazit der Suche nach den Wurzeln von lokaler und globaler Umweltzerstörung war, daß die Bedrohung für Natur und das Leben der Menschheit vor allem vom Entwicklungsmodell des Nordens ausgeht. "Der Schlüssel für die Umweltproblematik liegt im Entwicklungskonzept des Nordens" (Antrobus). Der Motor dieser Entwicklungsstrategie sind die Verwertungsmechanismen des internationalen Industrie-, Handels- und Finanzkapitals, die das wirtschaftliche Wachstum ankurbeln. Gewinnler sind auch ein großer Teil der Bevölkerung des Nordens und die Eliten des Südens mit einem sich ständig hochschraubenden Konsumstandard. Der Konsumismus und der Glaube an die Allmacht des freien Marktes, der verspricht, alle Heilmittel zur Lösung wirtschaftlicher, sozialer und ökologischer Probleme aus sich selbst erzeugen zu können, sind zum globalen Modell universalisiert worden, im Süden wie auch inzwischen im Osten.

Kontinuierliches Wachstum des Bruttosozialprodukts wie auch des Konsums bedingt jedoch eine kontinuierliche Steigerung des Ressourcenverbrauchs ebenso wie der Abfall- und Schadstoffproduktion. So wie diese Entwicklung sich auf Kosten der Natur vollzieht und keinen Ausgleich mehr sucht zwischen Ressourcennutzung und -regeneration, so schreitet sie auch auf dem Rücken der Frauen voran, nämlich durch Ausbeutung ihrer unbezahlten Arbeit. Frauen sind gezwungen, zusätzlich zur wirtschaftlichen und sozialen Krise nun auch die ökologische Krise durch Mehrarbeit abzumildern, ohne dafür angemessen bezahlt oder durch soziale Achtung entschädigt zu werden. In der Werteskala dieses Entwicklungskonzepts zählen unbezahlte Frauenarbeit und die Intaktheit von Ökosystemen nicht.

Auf dem freien Markt haben sich Geldfluß und Warenumschlag verselbständigt, die Bedürfnisse der Menschen stehen nicht mehr im Zentrum. Dieses Entwicklungsmodell ist daran gescheitert, die Grundbedürfnisse der gesamten Erdbevölkerung zu befriedigen. Im Gegenteil: die Armut wächst ebenso wie die Ungleichheit zwischen Norden und Süden und innerhalb einzelner Länder. Die Zahl der Armenküchen in den USA nimmt zu, weltweit ist eine halbe Milliarde Menschen chronisch unterernährt, 100 Millionen davon in Afrika. Überall sind Frauen die Ärmsten der Armen. Armut wirkt dabei bekanntlich selbst wiederum als Ursache von Umweltzerstörung, weil sie Menschen zur Überausbeutung von Ressourcen zwingt. Armut wirkt darüber hinaus in vielen Ländern auch als ursächlicher Faktor für Bevölkerungswachstum: große Familien sind als Institution zur Überlebensicherung notwendig.

Dieses Entwicklungssystem produziert und reproduziert im nationalen wie im Weltmaßstab die Widersprüche von Armut und Reichtum, von Über- und Unterentwicklung, von Überfluß und Hunger. Es erzeugt im Norden ebenso wie in den Wohlstandsnischen des Südens gleichzeitig Wohlstandsvöllerei und psychosoziale Verarmung, Luxuskonsum und eine infolge der Umweltzerstörung sinkende Lebensqualität, z.B. mit

den wachsenden Lawinen privaten Autoverkehrs, der dadurch verursachten Zerstörung von Lebensräumen und Verpestung von Luft. Diese Ökonomie des Wachstums und des Konsums ist keine "dauerhafte Entwicklung", wie sie der Brundtland-Bericht im Sinne eines Generationenvertrags zur Sicherung der Lebensgrundlagen für die Zukunft eingefordert hat.
Es gehört zu den inneren Widersprüchen dieser Entwicklung und ihrer frauen- und naturunterwerfenden Logik, daß Frauen von politischer Entscheidungsmacht zur Krisenbewältigung ausgeschlossen bleiben. Und dies obwohl sie von der Armut und den Folgen der Doppelkrise von Ökonomie und Ökologie weltweit überproportional betroffen sind - als Leidtragende und als Subjekte, die widerständig und konstruktiv handeln.

Konferenz-Ergebnisse

Die historische Leistung des Tribunals bestand darin, sowohl Umwelt und Entwicklung als auch Natur- und Frauenunterordnung konsequent als jeweils zwei Seiten derselben Medaille zu betrachten. Auf Basis dieser komplexen, ganzheitlichen Analyse der Ursachen von Umweltzerstörung verabschiedeten die Kongreßteilnehmerinnen die Frauen-Agenda 21, die drei zentrale Forderungen enthält:
* eine neuen Ethik im Umgang mit der Natur
* Gerechtigkeit zwischen Norden und Süden
* Gerechtigkeit zwischen den Geschlechtern

Der rote Faden dieses Frauen-Aktionsplans ist der Ruf nach einer neuen Moral des Produzierens, Handelns und des Konsums. Ziel ist nicht ein Reform- und Reparaturinstrumentarium für den Scherbenhaufen, den Fehlentwicklung und Umweltzerstörung hinterlassen haben, sondern ein Gegenmodell von Entwicklung, das die Grundbedürfnisse der Erdbevölkerungsmehrheit unter Wahrung der Integrität der Natur befriedigt und damit das Überleben zukünftiger Generationen sichert.

Implizit ist diese Vision eines alternativen Entwicklungskonzepts eine deutliche Absage an die Grundannahme des Brundlandt-Berichts, der Wirtschaftswachstum und das Ziel der Nachhaltigkeit für vereinbar hält. Damit ist einer nachgeschalteten Umwelttechnologie, die Wachstumseffekte nur kompensiert, lediglich der Rang von Teillösung und Problemverschiebung zugewiesen.

Gefordert ist der Abschied von der Verschwendung und dem Wachstumsfetisch unseres Zivilisationsmodells - und das wäre nicht mehr und nicht weniger als eine Kulturrevolution, ein fundamentaler Wandel der Werte und des Wirtschaftens.
Gefordert wird ein respektvoller Bezug von Wissenschaft und Wirtschaft auf Natur und Frauen, die bislang als kostenlos nutzbare Ressourcen behandelt werden.
Diese Forderung geht einher mit einer Kampfansage an Militarismus, an Atom- und alle umweltschädigende Industrie und an die Politik und Wissenschaft, die ihre Handlanger und Steigbügelhalter sind.

Für sich melden Frauen den Anspruch auf Partizipation und *empowerment* an. "Frauen wollen mehr als die globalen Haushälterinnen sein", hatte Bella Abzug bereits in ihrer Eröffnungsrede gesagt. Das beinhaltet
eine Beteiligung an umweltpolitischen Entscheidungen - zu allererst eine angemessene Repräsentanz im UNCED-Prozeß - und an allen staatlichen und nicht-staatlichen Machtstrukturen; eine Anerkennung ihres Erfahrungswissens und ihre Teilnahme an der Entwicklung neuer Technologien und Kenntnisse sowie
mehr Kontroll- und Eigentumsrechte an Ressourcen, vor allem Landrechte.

Die Frauen-Agenda 21 identifiziert einen Handlungsbedarf in zwölf Problemfeldern, stellt politische Forderungen zu ihrer Veränderung auf und benennt einzelne Schritte auf das Ziel eines alternativen Entwicklungsmodells hin. Er ist radikal und visionär und ein kämpferi-

scher Appell an UNCED, Umwelt- und Entwicklungsprobleme als Einheit zu diskutieren, und die Spirale des Ökozids durch eine wirtschaftliche und politische Kurskorrektur anzuhalten.
Er wurde als frauenpolitischer "Durchbruch" und Dokument internationaler Frauensolidarität gefeiert: noch nie war der Konsens zwischen Frauen aus Süd und Nord, sowie mit den wenigen Vertreterinnen des Ostens so weitgehend. Inhaltlich überzeugt er durch die Kohärenz, mit der aus einem breiten politischen, wirtschaftlichen und sozialen Ansatz die Kritik am herrschenden Entwicklungsmodell und die Forderung nach einem Paradigmenwechsel entfaltet ist. Sicher ist er ein Meilenstein in der politischen Standortbestimmung der internationalen Frauenbewegung.

Beide Konferenzen in Miami signalisierten damit eine Perspektiverweiterung: Frauen beschränkten sich nicht mehr auf die Klage über ihr Leiden durch Umweltkatastrophen und auf die Debatte über umweltreparierende und naturschützende Projekte. Statt sich mit frauenspezifischen Anliegen zu begnügen, entwickelten sie eine eigene umfassende Analyse des komplexen Makrokosmos der Ökokrise. Mit den Konferenzen setzten sie sich als reflektierende und urteilende Subjekte und gingen damit handelnd und erkennend über die Opferrolle und den Objektstatus in der Umweltdebatte hinaus.

Auf dem Weg nach Rio

Die autonome Selbstverständigung in Miami war Grundlage für die weitere Arbeit im UNCED-Prozeß. Es erwies sich von Vorteil, mit dem Argument und dem Dokument einer geeinten Frauenposition aufwarten zu können. Während des 4. PrepCom-Treffens im März 1992 in New York versuchten VertreterInnen von WEDO, die Ausformulierung der Dokumente, besonders der Agenda 21, zu beeinflussen. Sie rangen darum, daß Frauen nicht nur im Kapital "Stärkung der Rolle bedeutender Gruppen" auftauchen, sondern auch in vielen anderen der 40 Agenda-Kapitel. Zur Halbzeit des Treffens protestierten sie frustriert

dagegen, daß einige Delegationen in dem Verhandlungspoker die Anliegen von Frauen als taktische Verhandlungsmasse benutzten, die je nach Bedarf ins Spiel gebracht oder fallengelassen wurde, um andere Interessen durchzusetzen.
Ein Beispiel: Als die USA alle Referenzen auf Überkonsum im Norden aus den Dokumenten streichen wollten, konterte die Gruppe 77 (Zusammenschluß von Entwicklungsländern) mit der Forderung, alle Bezüge auf Bevölkerungswachstum und Familienplanung zu entfernen. Erst als die Frauengruppe gegenüber den Verhandlungsführern der G 77 darauf drängte, daß ein Recht auf freie Entscheidung über die Kinderzahl in den Dokumenten formuliert sein sollte, nahmen die G 77-Vertreter ihre Forderung zurück.
Letztendlich war die Einmischung in die offiziellen Verhandlungen dahingehend erfolgreich, daß an vielen Stellen der Agenda auf Frauen Bezug genommen wird und ihre Beteiligung, Berücksichtigung und Förderung gefordert werden. Damit sind Frauen jedoch lediglich in das schon bestehende Agenda-Konzept und die dort vorgeschlagenen Aktionen integriert. Die radikale Stoßrichtung des Frauen-Aktionsplans von Miami, nämlich die Forderung nach einer moralischen und zivilisatorischen Wende, konnte gegen den reformistischen und technokratischen Ansatz der Agenda 21 nicht durchgesetzt werden.

Erfolgsgeschichten

Renate Walter, seit 1982 Professorin für Umweltmedizin in Dresden, führte eine epidomologische Studie über die durch die Verschmutzung des Elbwassers verursachten Gesundheitsrisiken, besonders Durchfallerkrankungen und Leberkrebsvorkommen durch. Sie stellte fest, daß die Toxizität des Wassers an der Untersuchungsstrecke erheblich zunahm: an der tschechischen Grenze betrug sie O, in Riesa wurden dagegen 5O Prozent der menschlichen Zellen, die in Kulturen dem Wasser ausgesetzt wurden, abgetötet. Die DDR-Regierung erklärte die Studie 1989 zur geheimen Verschlußsache, und Renate Walter konnte ihre Erkenntnisse erst im Mai 199O mithilfe von Greenpeace publik machen. Nach einer Öffentlichkeitskampagne wurde Ende 199O ein Trinkwassernotstand für die Elbe ausgerufen und ein Soforthilfeprogramm eingeleitet.

3.Phase
In Rio, aber nicht am Ziel
UN-Dokumente: Rio Deklaration und Agenda 21

Als sich Anfang Juni 1992 Regierungsdelegationen aus 178 Ländern zum "Erdgipfel" in Rio de Janeiro trafen, wurden zehn von Frauen geleitet, 15 Prozent der Delegierten waren Frauen - so viel wie noch nie bei einer UN-Konferenz, einmal abgesehen von den UN-Frauen-Konferenzen.

Die Delegierten der UN-Konferenz stimmten in Rio den in New York formulierten Paragraphen über Frauen als "bedeutende Gruppe" und der Erwähnung von Frauen in anderen Abschnitten der Agenda 21 zu. Damit wurden die Ansprüche von Frauen an Partizipation, Berücksichtigung und Würdigung ihrer Leistungen innerhalb des bestehenden Systems weltweit akzeptiert. Wie den "Zukunftsstrategien zur Förderung von Frauen", verabschiedet von der Weltfrauenkonferenz von 1985 in Nairobi, und der "Konvention zur Beseitigung aller Formen von Diskriminierung von Frauen", die mehrfach als Referenzdokumente zi-

tiert sind, so liegt auch den Dokumenten von Rio ein Integrationskonzept für Frauen zugrunde.
Die Formulierung des 20. Grundsatzes der Rio-Deklaration drückt den Tenor des Bezugs auf Frauen deutlich aus. Dort heißt es: "Frauen spielen eine vitale Rolle bei Umweltmanagement und Entwicklung. Ihre volle Beteiligung ist deshalb entscheidend für eine nachhaltige Entwicklung." Die tragenden Säulen des herrschenden Entwicklungs- und Zivilisationsmodells bleiben davon unberührt. Genau sie ins Wanken zu bringen, hatte sich dagegen der Aktionsplan von Miami zum Ziel gesetzt. Erwartungsgemäß blieben damit die Ergebnisse des "Lobbying" weit hinter den Forderungen des autonomen Selbstorganisierungsprozesses zurück.

"PLANETA FEMEA" auf dem Global Forum in Rio

Auf dem Global Forum, dem von den Nicht-Regierungs-Organisationen veranstalteten alternativen Gipfel in Rio, war das Frauen-Forum, "Planeta Femea"[5], nicht nur das größte und meistbesuchteste Veranstaltungszelt mit täglich etwa tausend Frauen[6], es bot auch das thematisch umfassendste und in seiner Kontinuität eindruckvollste Programmangebot. Frauen stellten sich damit als die innerhalb der NRO-Szene bestorganisierte Gruppe dar.
"Planeta Femea" war von einer Koalition brasilianischer Frauengruppen organisiert, die die in Miami diskutierten Inhalte einer breiten Öffentlichkeit zugänglich machen wollten. Die zwölf Unterpunkte des Frauen-Aktionsplans von Miami waren die thematische Grundlage der zwölftägigen Veranstaltung in "Planeta Femea".

---

5 "Planeta Femea" läßt sich mit "weiblicher Planet" oder "Planet der Weiblichkeit" übersetzen.

6 Es liegt keine Statistik über die Besucherinnen von "Planeta Femea" vor. Mehrheitlich waren jedoch Latein- und Nordamerikanerinnen vertreten.

"Planeta Femea" wurde auch "Wahrheitszelt" genannt, weil dort versucht wurde, die Unwahrheiten und Mythen der offiziellen Regierungsverhandlungen zu entlarven. Als Anspruch des Frauen-Forums formulierte Peggy Antrobus von DAWN: "Wir diskutieren das, was die offizielle Konferenz ausspart oder nur am Rande behandelt wie Militarismus und Verschuldung, und wir behalten stets das Ganze im Auge, nämlich den Zusammenhang zwischen Weltwirtschaft, Umweltzerstörung und den privaten Haushalten." Diese analytische Zusammenschau von Makro- und Mikroebene, in der die Erfahrungen von Frauen bzw. armer und indigener Bevölkerungsgruppen wesentliche Bewertungskriterien liefern, war das Instrumentarium, das die Fülle von Informationen und Erfahrungsberichten strukturieren half.

Inhaltliches Kernstück des Global Forums war die Erarbeitung von 36 "Verträgen" zu allen relevanten Themenbereichen, die am Ende als Gegendokumente zu den verwässerten Regierungsabkommen vorgelegt wurden. Damit vollzogen einzelne Arbeitsgruppen der NROs das nach, was die Frauen bereits in Miami getan hatten: sie formulierten zu ihren Arbeitsgebieten Positionspapiere, die Bezugspunkt zukünftiger Koordinierung und Kampagnen sein können.

In "Planeta Femea" wurde es als sinnvoll erachtet, daß sachkundige Frauen bei der Erstellung aller anderen "Verträge" mitarbeiten, um Frauensicht und -interessen einzubringen. Dies gelang jedoch nicht: leider fanden sich nicht für alle Themen verhandlungsbereite Fachfrauen, oder aber sie konnten sich nicht durchsetzen. So wurde es z.B. bei der Erarbeitung des Vertrags über Welthandel abgelehnt, einen Protest gegen Sextourismus, Frauen- und Kinderhandel aufzunehmen.[7]

---

7 Die Verträge sind von sehr unterschiedlicher Güte und Konkretion. Das zeigt, daß auch auf nicht-staatlicher Ebene die Suche nach dem kleinsten gemeinsamen Nenner unter so vielen, von ihrer Größe, thematischen Schwerpunktsetzung, politischen Erfahrung und Artikulationsfähigkeit, finanziellen Ausstattung, Regierungs- oder Basisnähe so verschiedenen Gruppierungen leicht zu einer Aushöhlung von Positionen und in die luftigen Regionen dünner Abstraktion führt.

Teilnehmerinnen von "Planeta Femea" erarbeiteten zwei Verträge für das NRO-Vertragswerk: einen über Bevölkerung und einen über ihre Sicht eines "gerechten und gesunden Planeten", der eine Kurzfassung des Frauen-Aktionsplans von Miami darstellt.
Die Debatten von Miami wurden wiederaufgenommen, zentrale Argumente (siehe oben) wiederholt, aber teils mit anderer Akzentsetzung vertieft. Im folgenden werden die Argumentationen wiedergegeben, die über die Miami-Debatten hinausgingen oder neue Akzente erarbeiteten.

Kulturelle Vielfalt und Solidarität

Der kulturellen Vielfalt von Frauen wurde - wie auch der Biodiversität - als Reichtum dieser Erde Tribut gezollt. Sie ist gegen die Errichtung einer weltweiten verwestlichten Monokultur zu schützen. Alle Suche nach Gemeinsamkeiten sowie die Vernetzung und Interessenkoalierung von Frauen müssen ihre kulturelle Verschiedenheit respektieren und den Unterschieden gerecht werden. Statt einer kulturellen Gleichschaltung sollen die bestehenden Unterschiede konstruktiv für gemeinsame Aktionen genutzt werden. Kultur als Widerstandspotential wurde besonders von indianischen und schwarzen Frauen betont.
"Planeta Femea" bewies zum einen, daß diese Erkenntnis in den letzten Jahren in der internationalen Frauenbewegung bereits an Boden gewonnen hat, zum zweiten, daß eine Beschäftigung mit dem Verhältnis von Frauen und Ökologie besonders geeignet ist, diesen Lernprozeß weiterzutreiben. Denn überall haben Frauen im Austausch mit der Natur über Jahrhunderte wertvolles Erfahrungswissen gesammelt, das Konstituens ihrer Kultur ist und dessen Weiterentwicklung ihr Überleben lange sicherte. Diese Kenntnisse, Fähigkeiten und Technologien sind örtlich angepaßt und das bedeutet: sie sind nicht nur verschieden, sondern auch nicht einfach übertragbar. Gemeinsam ist dagegen den Frauen die Erfahrung, daß die Entwicklung seit der Kolonialzeit ihre natürlichen Existenzgrundlagen zerstört und die Erfahrungsweisheit von Frauen marginalisiert und entwertet hat. Vor allem arme Frauen im

Süden haben diesen doppelgesichtigen Prozeß als Gewalt erlebt, die alles menschliche und biophysische Leben bedroht.
Frauen aus den verschiedenen Kontinenten setzten völlig unterschiedliche Prioritäten in der Debatte: für Afrikanerinnen steht der Vormarsch der Wüsten oben auf der Sorgenliste, für Asiatinnen die Abholzung, für Frauen aus der Pazifik-Region die Atomtests, für Lateinamerikanerinnen die Urbanisierung und für Nordamerikanerinnen der Militarismus. Das Interesse an einer dauerhaften Sicherung ihrer Überlebensgrundlagen Nahrung, Wasser, Luft und Boden sowie an Gesundheit verbindet jedoch Frauen über Kontinente und Kulturen hinweg.

Souveränität - oder: wem gehört das Land?

Die Rechte einheimischer Volksgruppen, indigener Völker und Frauen an Ressourcen sind durch die fortschreitende Privatisierung und Kommerzialisierung bedroht. Oft untergraben Regierungen diese lokalen Rechte, um die Staatskasse aufzufüllen oder eine Modernisierungsstrategie z.B. Industrialisierung, Ausbau der Infrastruktur usw. durchzusetzen, oder sie agieren als Interessenvertreter von Privatunternehmern.

Ein typisches Beispiel, wie sie bis in die landwirtschaftlichen Anbaumethoden hineinwirken: Kleinbäuerinnen bekommen in Brasilien Kredite, die qua Gesetz an den Einsatz von Pestiziden gebunden sind. Obwohl Bankbeauftragte die Einhaltung dieser Verpflichtung kontrollieren, leisten 80 Prozent der Bäuerinnen subversiven Widerstand und benutzen keine Pestizide.

Die Regierungen des Südens haben jedoch im UNCED-Prozeß - letztlich erfolgreich - aus Furcht vor einem "Umweltimperialismus" des Nordens auf ihrem Recht auf Entwicklung und nationaler Souveränität in bezug auf Ressourcennutzung beharrt. Die Stärkung staatlicher Souveränität ist nicht im Interesse von Frauen, solange Regierungen nicht die Bedürfnisse der Bevölkerungsmehrheit als oberstes Politikziel im Auge haben, sondern als verlängerter Arm von Privatunternehmen oder eigennützigen Eliten agieren. Sie stellt vielmehr eine Bedrohung für die lokale Souveränität der Einheimischen wie auch für die Regenerationsnotwendigkeit von Ökosystemen dar.

Die Macht der Konsumentinnen

Der verschwenderische Lebensstil des Nordens ist im UNCED-Prozeß vom Süden an den Pranger gestellt worden. Während die Industrienationen, vor allem die USA, die Kritik am westlichen Konsum- und Wohlstandsmodell in den UN-Dokumenten weitmöglichst verwässern wollten, wurde sie in "Planeta Femea" auf ihre praktische Umsetzung hin konkretisiert.

Aber wie können Frauen des Nordens, selbst Profiteurinnen der Ökonomie des Wachstums und der Ressourcenvergeudung, den eigenen und den gesellschaftlichen Lebensstil sozial und ökologisch wenden?
Als Konsumentinnen können sie Einfluß in zwei Stoßrichtungen ausüben: das eigene Konsumverhalten ändern und Hersteller zu umweltfreundlicher Produktion nötigen. Diese Möglichkeiten werden bislang nur minimal in VerbraucherInnenkampagnen genutzt, obwohl VerbraucherInnenorganisationen von Großbritannien bis Malaysia die Erfahrung machten, daß Herstellerfirmen einen schlechten Ruf in Sachen Umweltzerstörung und Gesundheitsgefährdung als geschäftsschädigend ungemein fürchten.
Aufklärungskampagnen über den Lebenszyklus von Einzelprodukten "von der Wiege bis zum Grab", d.h. vom Naturimport aus dem Süden nach Norden bis zu den überbordenden Müllhalden der Wegwerfzivilisationen, erhöhten die Bereitschaft zum Recycling und zum Kauf von Recycle-Produkten. Der Kampf gegen Überverpackung verstärkte das Umweltbewußtsein von Frauen beim Kauf und der Abfallbeseitigung.

Von Frauenorganisationen

Die holländische Organisation **Milieu Defensie** unterstellt für jeden Menschen einen gleichgroßen "Umwelt-Raum", der genutzt und verschmutzt werden darf. Auf Basis dieses globalen Gleichheitsgrundsatzes errechnet sie für die BürgerInnen der Niederlande, daß sie ihr Deputat an Wasser um 32 Prozent überstrapazieren, den Energieverbrauch, die CO_2-Emissionen und den Holzkonsum um 50 bis 60 Prozent, den Fleisch- und Aluminiumverbrauch um 60 bis 80 Prozent. Dennoch hält sie es in vielen Bereichen des Alltagskonsums für möglich, durch Optimierung des Ressourcenverbrauchs und Sparsamkeit im Produktionsprozeß, durch bessere Reparatur- und Recycle-Techniken und längere Nutzungsdauer von Waren ein "dauerhaftes" Konsumniveau zu erreichen. Verzicht und Einbußen an Lebensqualität wären nicht nötig. Anders in den drei Konsumbereichen: Autoverkehr, Lufttransport und Fleischverbrauch. Hier sind die Grenzen der Tragfähigkeit der Erde so weit überschritten, daß einschneidende Verhaltensänderungen unvermeidbar sind.

Wo Verbraucherinnen Produktbiographien an den Herstellungsort zurückverfolgen, stoßen sie dort häufig auf ArbeiterInnen, die unter großen Umwelt- und Gesundheitsbelastungen leiden. Landarbeiterinnen aus dem Nordosten Brasilien beklagen, daß dort in den letzten Jahren z.B. im Zuckerrohranbau der Pestizideinsatz verdreifacht wurde. Gewerkschafterinnen berichteten über gesundheitliche Beschwerden der ArbeiterInnen und AnwohnerInnen der Bayer-Werke südlich von Rio de Janeiro. Deshalb ist eine transnationale Vernetzung von Herstellerinnen und Konsumentinnen derselben Produkte, bzw. eine Vernetzung von Gewerkschaften, die in verschiedenen Ländern bei denselben transnationalen Konzernen aktiv sind, dringend notwendig.

Doch "grüner Konsum" und selbst "grünere Produktion" mithilfe sauberer Technologien z.B. ungebleichte statt gebleichte Papiertaschentücher, bringen nur eine Teillösung des Problems. Sie ersetzen nicht die notwendige Auseinandersetzung mit dem Mythos, daß

Konsumprodukte Frauenleben verschönern und erleichtern. Und sie ersetzen nicht die Notwendigkeit einer Konsumreduktion.

Ein radikalerer Ansatz ist, den privaten Konsumverzicht mit dem Aufbau anderer, von Grund auf ökologischer Produktionsstrukturen zu verbinden. Mit ProduzentInnen-VerbraucherInnen-Genossenschaften und der Direktvermarktung landwirtschaftlicher Produkte sind von Japan bis Schweden selbstverwaltete Nischen jenseits von Markt und Konsumterror entstanden.

Bevölkerung

Mehr als auf dem Kongreß in Miami wurden in den tagelangen Debatten in Rio kontroverse Positionen deutlich. Die heftigste Kontroverse entzündete sich am Thema Bevölkerung. Die Fronten waren polarisiert und verliefen quer durch die Kontinente und Kulturen.
Die veranstaltende Koalition brasilianischer Frauengruppen hatte das Thema als Schwerpunkt für "Planeta Femea" gewählt, um dem weltweit immer populärer werdenden Erklärungsmuster, daß der Kinderreichtum der Frauen im Süden die wichtigste Ursache von Umweltzerstörung und Ressourcenverknappung ist, entgegenzusteuern. Aber auch, um die Diskussion in Brasilien anzuregen, wo sich fast die Hälfte aller Frauen, die Geburtenkontrolle praktizieren, sterilisieren läßt, die meisten davon im armen Nordosten des Landes.
Konsens bestand darüber, daß Frauen weltweit Rechte über ihren Körper, ihre Sexualität und ihre Fortpflanzung abgesprochen werden - sei es, daß ihnen Geburtenkontrolle und Abtreibung untersagt werden und sie nur als Mutter oder gar als Mutter von Söhnen soziale Achtung erreichen können; sei es, daß sie zu Verhütung und Sterilisation genötigt werden, um das Bevölkerungswachstum einzudämmen.

Konsens bestand auch darüber, daß kein monokausaler Zusammenhang von Bevölkerungswachstum und Umweltzerstörung behauptet werden kann und von daher Bevölkerungspolitik nicht als notwendiges Instrument des Umweltschutzes legitimierbar ist. Nicht die wachsende Zahl der Menschen im Süden, sondern der verschwenderische Konsum im Norden ist die Hauptursache für die globale Ressourcenverknappung.

Die Kontroverse bestand auch nicht - in Bezug auf das grundsätzliche Frauenrecht - auf Familienplanung, sondern in der Einschätzung politischer Programme zur Familienplanung. Übereinstimmend wurde gefordert, daß jedes Familienplanungsangebot mit einer Verbesserung der medizinischen und schulischen Versorgung sowie der Einkommensmöglichkeiten von Frauen einhergehen muß. Während jedoch die einen Verhütungsmittel als entscheidenden Hebel zur Frauenemanzipation und auch als Hilfsinstrument zur Armutsreduktion sahen, pochten die anderen darauf, daß zur Verbesserung der Lebenschancen von Frauen zu allererst Armutsverhältnisse durch wirtschaftliche Interventionen auf globaler und nationaler Ebene bekämpft werden müssen. Sie betrachten den Ruf nach Bevölkerungspolitik zur Rettung der Erde und ihrer Tragfähigkeit als Selbstschutz der 2o Prozent Erdbevölkerung im Norden, die bekanntlich das Vierfache von dem verbrauchen und verschmutzen, was ihr zusteht, und die zu strukturellen Veränderungen der Weltwirtschaft zugunsten einer größeren Gerechtigkeit gegenüber dem Süden nicht bereit sind. Afro-Amerikanerinnen bezeichneten in diesem Kontext Familienplanungsprogramme, vor allem Sterilisationen, als Teil einer "Logik der Unterdrückung".

Vermittlerinnen zwischen den polaren Positionen plädierten vehement dafür, der Entscheidungsfähigkeit der Frauen zu vertrauen, ob sie nun Kinder bekommen wollen oder nicht, und sie keinesfalls zu Objekten demographischer Plansolls oder religiöser Vorschriften zu machen. Wahlfreiheit und Selbstbestimmungsrecht waren dann auch die Kompromißformel für die Ausformulierung des "Vertrags" über Bevölkerung. Explizit lehnt er jede von Regierungen oder internationalen Organisationen durchgeführte Bevölkerungskontrolle ab.

Von Frauenorganisationen

In den Ländern Osteuropas haben die zentralstaatlichen Ökonomien ressourcenverschwendend und ohne Rücksicht auf die Befindlichkeit von Menschen und Natur gewirtschaftet. Die häufige Knappheit von Konsumgütern hat bei Frauen einerseits eine Jagdmentalität und eine große Konsumbegehrlichkeit erzeugt, andererseits einen kooperativen Geist und Nachbarschaftshilfe stimuliert. Eine von Frauen gegründete **VerbraucherInnenorganisation** in Polen machte zwar Produktionsmängel publik - z.B. daß Getreide giftige Substanzen enthielt, weil es mit Dieselmotoren getrocknet wurde und daß Kopfkissen mit giftigem Abfallmaterial gefüllt wurden - sie konnten jedoch keinen Einfluß auf die Produktion gewinnen.Der Zusammenbruch des realen Sozialismus und der Siegeszug des freien Marktes hat zunächst eine neue Warenfülle und einen Konsumrausch erzeugt. Der Wertverlust der Realeinkommen zwang jedoch die meisten schnell zu unfreiwilligem Verzicht. Und die Konkurrenz, der zentrale Selbstregulierungsmechanismus des freien Marktes, schaltet lokale ProduzentInnen aus: Eier aus Holland und Gemüseimporte aus Israel sind billiger als einheimische, durch hohe Energiekosten verteuerte Produkte. KonsumentInnen- und Umweltorganisationen haben nun zwar mehr Handlungsspielräume als zuvor, müssen aber auch bislang völlig unbekannte Probleme in Angriff nehmen.

Politische Strategien

"Planeta Femea" war ein Forum für Informations- und Erfahrungsaustausch, eine Werkstatt der Meinungs- und Positionsfindung, nicht eine Schmiede von zukunftsorientierten Handlungsstrategien. Auch die ständig implizit wirkenden unterschiedlichen Theorieansätze und Konzepte politischen Handelns wurden nicht offen dargelegt oder kontrovers diskutiert. Stattdessen wurden Widersprüche zugedeckt bzw. nur hinter den Kulissen zugelassen und ihre Austragung einem großen Konsensbedürfnis geopfert. Dies war der Größe der Veranstaltung und dem durch die UN-Konferenz gesetzten Bezugsrahmen geschuldet, gegen deren Konflikte, besonders den Nord-Süd-Konflikt, sich die Frauen positiv abgrenzen wollten. Der Fortführung konzeptioneller Debatten in der internationalen Frauenbewegung war es nicht dienlich.

Zwei polare Positionen, denen unterschiedliche theoretische Analysen zugrundeliegen und aus denen unterschiedliche Handlungsstrategien erwachsen, kristallisierten sich aus dem pluralistischen Spektrum theoretischer und praktischer Ansätze, Erfahrungen und Interessen heraus.
Da ist einmal der Gleichberechtigungsansatz der liberalen Frauenbewegung. Er hat Elemente des *empowerment*-Konzepts aufgegriffen, das in den Ländern des Südens für Frauen und andere benachteiligte Gruppen entwickelt wurde. Allerdings verkommt *empowerment* hier zur Partizipationsstrategie, und seine radikale Systemkritik und die Forderung nach einem umfassenden strukturellen Umbau gehen verloren. Grundlage dieses Partizipationsansatzes ist das Konzept nachholender Entwicklung für Frauen. Gleichheit innerhalb der bestehenden Strukturen ist das Etappenziel, wenn auch nicht das Endziel. Kern der Analyse ist das Mißverhältnis zwischen der Leistung der Frauen für Gesellschaft und Umwelt und ihrer Beteiligung an politischer Macht. Als entscheidender Hebel zur Durchsetzung umweltpolitischer Frauenforderungen erscheint deshalb die Partizipation an existenten politischen Machtinstitutionen. Entsprechend setzten die Vertreterinnen dieses Ansatzes, die WEDO-Gruppe um Bella Abzug, im Laufe des UNCED-Prozesses ihre Priorität auf "Lobbyarbeit", auf eine Interessenpolitik für Frauen innerhalb der etablierten Polit- und institutionellen Strukturen.
Dieses Mitmischen in politischen Institutionen ist für die Vertreterinnen der Gegenposition von nachgeordneter Bedeutung. Die Kontroverse läßt sich durch eine Episode in "Planeta Femea" veranschaulichen. Als Vertreterinnen des Partizipationsansatzes "gender balance" ein Gleichgewicht der Geschlechter in der Weltbank, dem Internationalen Währungsfonds usw. forderten, war die Gegenposition: "Wir wollen nicht mehr Frauen in der Weltbank, wir wollen die Abschaffung der Weltbank, denn wir wissen, was sie anrichtet."

Im Gegensatz zum Partizipationsansatz steht im Zentrum dieser - führend von DAWN vertretenen - Position die Analyse: die Offenlegung der strukturellen Verknüpfung von Weltwirtschaftsstrukturen, ökologischer Krise, Armut und Frauenunterdrückung. Was haben die Kakaopreise mit der Erosion in Afrika und der wachsenden Gewalt gegen Frauen zu tun? Weil das herrschende Entwicklungsmodell als Ursache der ökonomischen, ökologischen und sozialen Krise gesehen wird, ist Frauen mit einer "Integration" z.B. in Programme des Umweltschutzes und Ressourcenmanagements kein Dienst erwiesen. Es geht nicht um eine Nachholstrategie für Frauen, sondern um ein anderes Paradigma von Zivilisation. Wenn Frauen- und Umweltbewegungen sich wirkungsvoll vernetzen, könnten sie zu Motoren des notwendigen gesellschaftlichen Strukturwandels werden.

Im Frauen-Vertragstext über einen "gerechten und gesunden Planeten" sind zwar die zentralen Anklagepunkte bezüglich der Hauptursachen von Umweltzerstörung aus dem Aktionsplan von Miami übernommen. Den entscheidenden Forderungen nach einer neuen Ethik im Umgang mit der Natur und nach einer Grunderneuerung unseres Wirtschaftsmodells ist jedoch die radikale und visionäre Spitze abgebrochen. Stattdessen ist der Akzent auf eine stärkere Partizipation von Frauen verschoben.[8]

In "Planeta Femea" lag die Stärke der Debatten in der Pluralität der Ansätze. Da predigte Shirley Maclaine, daß Männer das Feminine in sich entdecken und sprechen lassen müssen, auf daß aus der inneren Harmonie dann eine äußere mit anderen Menschen und der Natur erwachse. Da plädierten vor allem Afrikanerinnen für pragmatische Ansätze wie energiesparende Herde und Kleinkreditprogramme für Frauen. Indigene Frauen berichteten, daß ihr Alltag so gut wie nichts

---

8 Es gehört zu den betrüblichen Aspekten des Selbstorganisierungsprozesses in "Planeta Femea", daß die Verabschiedung der beiden "Verträge" eher putschistische als demokratische Verfahren waren - ein knüppeldicker Hinweis darauf, daß, auch wenn Frauen einen eigenen Planeten für sich reklamieren, der Umgang mit Macht bei vielen immer noch patriarchal ist.

mit dem der anderen Anwesenden gemein hätte. Lesben beklagten die Fixierung auf heterosexuelle Lebensformen in der Debatte und den Dokumenten. In dieser Vielfalt tauchten jedoch die Begriffe Patriarchat und Feminismus ebensowenig als analytische und politisch-kämpferische Kategorien auf wie Kapitalismus.[9]

Am Ende der Veranstaltung störten Afro-Amerikanerinnen die kunterbunte Harmonie der Meinungsvielfalt mit dem Vorwurf des Rassismus an die Adresse von WEDO, aber auch der brasilianischen Frauenbewegung: sie seien an der Planung der Konferenzen in Miami und Rio nicht beteiligt und bei ihrer Durchführung marginalisiert worden. Wenn auch zurückgewiesen, so benennt der Vorwurf doch ein Spannungspotential und einen Mangel an Solidarität in der internationalen Frauenbewegung, dem sie sich in Zukunft wird stellen müssen.
Trotz der aufgebrochenen Kontroversen entlang inhaltlicher Konfliktlinien und der durchscheinenden theoretischen Differenzen, bleibt als dominanter Eindruck von "Planeta Femea", daß eine politische Frauenkultur praktiziert wurde, die im Respekt voreinander Dialog und interkulturelle Verständigung suchte. Dabei drückte sie sich jedoch vor notwendigen inhaltlichen Klärungen und der Konkretisierung einer Perspektive. Die Überwindung des alten Nord-Süd-Konflikts ist ein Fortschritt für die internationale Frauenbewegung, der hilft, die thematische und regionale Vernetzung von Frauengruppen voranzubringen.

---

9 Zwar hätten die Teilnehmerinnen von "Planeta Femea" sich niemals auf einen Feminismus-Begriff einigen können, weil es divergierende gibt und viele Frauen aus dem Süden und Osten den Begriff immer noch kategorisch ablehnen. Ebensowenig hätte ein Konsens über eine Kritik an Patriarchat und Kapitalismus hergestellt werden können. Trotzdem ist es bedauerlich und auch symptomatisch für die Veranstaltung, daß in den Debatten nicht zum Tragen kam, daß feministische Gruppierungen nicht nur im Norden, sondern auch in einigen Ländern des Südens (z.B. Indien, Philippinen, Thailand, Argentinien, Brasilien, Ägypten, Marokko) die Speerspitze der Frauenbewegung sind, und zwar aufgrund ihrer Analyse der Geschlechterhierarchie und ihres Kampfes gegen diese.

RESÜMEE

Im Rückblick auf den gesamten UNCED-Prozeß, auf die Vorbereitungen zur Rio-Konferenz, auf die dort verabschiedeten Dokumente und das Global Forum können Frauen ihre Versuche der Einflußnahme und Selbstbehauptung als Erfolg verbuchen. Keineswegs einer, der sich als Triumpf feiern läßt, aber als ein Ende des Schweigens und der Bescheidenheit, als eine konsequente Wortmeldung, als Anfang.

Frauen haben sich als pressure group etabliert, wie dies - mit Ausnahme der Frauenkonferenzen - bisher in UN-Konferenz-Maschinerien noch nie geschah. Sie haben Männern nicht das Terrain Ökologie und Entwicklung überlassen, sondern einen Prozeß der internationalen Selbstorganisierung eingeleitet, der ein Novum in der UN-Geschichte ist. Damit brachen sie erstmals aus dem Reservat aus, das ihnen die Vereinten Nationen mit den Frauenkonferenzen eingeräumt haben. Das hat die internationale Frauenbewegung in ihrem Selbstverständnis und ihrer Kooperation vorwärtsgebracht, aber auch neue Konfliktfelder eröffnet, z.B. im Verhältnis zu entwicklungs- und umweltpolitischen NROs.

Der auf dem Global Forum in Rio geäußerte Vorwurf, Frauen wollten mit ihrer ökofeministischen Behauptung, sie seien die besseren Umweltschützerinnen, eine "Femokratie" errichten, zeigt das Unverständnis und den Unwillen der männergeführten NROs. Der wurde noch deutlicher in ihrer teilweisen Blockade-Politik gegenüber Fraueninteressen bei den "Vertrags"verhandlungen, was jedoch nur die realen Machtverhältnisse in sozialen Bewegungen und ihren Organisationen reflektiert. Dank zwanzig Jahren internationaler Frauenbewegung ist zwar der Sprung aus der Unsichtbarkeit in der patriarchalen Topographie getan, die weiteren Schritte auf eine nicht-patriarchale Gesellschaft hin vollziehen sich jedoch nicht nur auf staatlicher, sondern auch auf NRO-Ebene im Schneckentempo.

Von Frauenorganisationen

WEN, **Women's Environmental Network** in Großbritannien, verfügt über viel Erfahrung in Kampagnen zum Grünen Konsumismus. "Frauen fällen 87 % aller privaten Kaufentscheidungen. Wir wollen, daß sie ihre Macht nutzen." WEN klärte über die Umweltbelastung durch Hygieneprodukte wie Wegwerfwindeln, Binden und Tampons auf. Allein in Großbritannien belasten täglich 1 Million Wegwerfwindeln, hergestellt aus skandinavischen, kanadischen und südostasiatischen Hölzern, den Haushaltsmüll. Erster Erfolg der WEN-Kampagne: britische Produzenten verzichteten auf Chlorbleichung. Doch nur zögernd sind Mütter bereit, auf Waschwindeln umzusteigen, weil sie die Mehrarbeit fürchten. Und noch viel zögernder sind Väter bereit, auch zu wickeln und zu waschen. Eine andere WEN-Kampagne: Nehmen Sie ihre eigene Serviette mit ins Restaurant!

Das Spannungsverhältnis von Interessenpolitik im UNCED-Prozeß und autonomer Bewegung spiegelt in bezug auf Institutionen das alte Dilemma von Drinnen und Draußen, das die Frauenbewegung weder auf nationaler noch auf internationaler Ebene bewältigt hat. Deutlich wurde jedenfalls, daß die Einflußnahme innerhalb der etablierten Strukturen erst durch die Positionserarbeitung in einem selbstbestimmten Prozeß eine gewisse Schlagkraft entwickeln konnte. Im ganzen ist die Frauenbewegung gemessen am politischen Umsetzungspotential ihrer analytischen Stärke jedoch in den Kinderschuhen steckengeblieben. In Rio gelang ihr der politisch-strategische Brückenschlag zwischen ihren Analysen und Forderungen nicht. Weder ein Kurz- noch eine Langzeitperspektive wurde erarbeitet. Die Behauptungsversuche der Frauen innerhalb der NRO-Szene stießen auf die gleichen patriarchalen Abwehrmechanismen wie in der alltäglichen entwicklungs- und umweltpolitischen Arbeit.

Die Einmischung in die offiziellen Verhandlungen konnte trotz aller Beharrlichkeit nur Minimalforderungen innerhalb der vorgegebenen Strukturen durchsetzen.

Zu Gipfelstürmerinnen sind die Frauen nicht geworden, ja nicht einmal zu Sand im Getriebe.

Auf internationaler Ebene haben Frauen eine Dynamik in Gang gesetzt, deren Überleben in der Zukunft davon abhängt, ob sie eine gesunde Basis in sozialen Bewegungen auf nationaler Ebene hat. Denn nur aus einer solchen Basis kann der internationale Überbau dauerhaft seine Inhalte, seine Stärke und Lebendigkeit beziehen. Wenn diese nicht besteht, muß auch er - wie Institutionenarbeit ohne soziale Basis - über kurz oder lang zum kraft- und saftlosen Papier- und Konferenztiger werden.

II.
Frauen - Ökologie - Entwicklung
Philosophische und Entwicklungstheoretische Konzepte

1. Ökofeminismus

"Niemand spricht mit so großer moralischer Autorität für den Schutz der Umwelt wie Frauen. Nur wer für ein Schutzrecht gegen Übergriffe auf den eigenen Körper gekämpft hat, kann die Vergewaltigung und Plünderung unserer Wälder, Flüsse und Böden wirklich verstehen."

Mit der Diktion ihrer Eröffnungsrede zum "Welt-Frauen-Kongreß für einen gesunden Planeten" in Miami setzte Margarita Arias aus Costa Rica Akzente für die gesamte Debatte. Der Begriff der Gesundheit im Kongreß-Titel rief als Konnotation die Frau als Heilerin wach. Die von Arias für Frauen reklamierte größere Nähe zur Natur wurde zwar weder auf den beiden Konferenzen in Miami noch in Planeta Femea in Rio näher erörtert, aber doch immer wieder unterstellt.
Die weibliche Naturnähe ist der Kern des Ökofeminismus, jener Mitte der siebziger Jahre vor allem an der us-amerikanischen Westküste entstandenen Philosophie und Bewegung, die für sich den Anspruch erhebt, "die Wunden heilen" zu können. Er ging aus der Suche nach einem neuen konzeptionellen Rahmen hervor, mit dem Feministinnen die existentielle Bedrohung erfassen können, die erfahrbar von hochtechnologisierter Industrie, Militarismus und moderner Wissenschaft für alles Leben auf diesem Planeten ausging und -geht. Um dieser Gefahr praktisch und theoretisch zu begegnen, fehlten sowohl dem liberalen als auch dem sozialistischen Feminismus Kategorien.
Herzstück des Ökofeminismus ist eine Neubestimmung des Verhältnisses von Natur, Kultur und Politik sowie eine Auseinandersetzung mit dem Dualismus, der Männer mit Vernunft und Kultur identifiziert

und Frauen mit Natur. Post-aufklärerische Gesellschaften haben die Natur wie auch die Frauen als das "Andere" definiert, das es zu kontrollieren und dominieren gilt. Metaphern für diese Parallelität der Unterwerfung sind die vergewaltigte Erde und die vergewaltigte Frau.

Das emphatische Bekenntnis zu einer besonderen Naturverbundenheit von Frauen unterscheidet den Ökofeminismus wesentlich von Simone de Beauvoir, der "Mutter" des liberalen Feminismus. Sie hatte dafür plädiert, daß Frauen die ihnen zugeschriebene Identität als "andere" überwinden sollen, indem sie nach "Transzendenz" über ihre "animalische Natur", ihre "Abhängigkeit von der Art" streben.[10] Der Ökofeminismus wendet sich auch gegen den Dualismus von Frau und Kultur, jedoch nicht gegen die symbolische Zuordnung von Frau und Natur. Die weibliche Naturnähe wird nicht als Beschränkung, sondern als Machtressource begriffen, als kreativer Ausgangspunkt für neue kulturelle und politische Konzepte zur Veränderung der Mensch-Natur-Beziehungen und des Geschlechterverhältnisses. Ihre innere Natur prädestiniert Frauen in dieser Argumentation zu Rettung der äußeren Natur.

Eine entscheidende Grundlage für ökofeministische Konzepte lieferte die feministische Wissenschaftskritik. Carolyn Merchant hat analysiert, wie im philosophischen Denken zwischen Renaissance und Aufklärung das Bild von der "Mutter Erde" als lebendigem Organismus durch ein mechanistisches Weltbild verdrängt wurde, in dessen Zentrum die Natur als Maschine steht, die durch immer weitere Zerstückelung für die wissenschaftliche Erforschung und technologische Beherrschung zugerichtet wird. Gleichzeitig wurde die Unterwerfung der als wild und irrational definierten Natur der Frauen theoretisch durch die Hierarchi-

---

10 Simone de Beauvoir, 1968, S.72f. Während Beauvoir Geburtenkontrolle als einen Springpunkt für die geforderte, dem Mann gleiche "Transzendenz" von Frauen betrachtete ("Ihr Unglück ist, daß sie biologisch für die bloße Fortsetzung des Lebens vorbestimmt ist..."), ist der weibliche Zyklus, vor allem aber die Empfängnis- und Gebärfähigkeit für Ökofeministinnen zentrales machtbildendes Potential.

sierung von Frau-Natur/Mann-Kultur und praktisch durch die Hexenverfolgung vorangetrieben.

Sandra Harding, Evelyn Fox Keller und Susan Griffin kritisieren die naturwissenschaftliche Trennung und Hierarchisierung von Geist und Materie, von Verstand und Gefühl. Gegen deren Anspruch auf Objektivität und Neutralität stellen sie das Erkenntispotential von Gefühlen und Empathie, die Menschen, vor allem Frauen wegen ihrer Nähe zur Natur empfinden können.

Gegenüber der behaupteten Autonomie des wissenschaftlichen und politischen Individuums betonen Ökofeministinnen die kosmische Verbundenheit von Mensch und Natur und das zwischenmenschliche Beziehungsgeflecht, das von Frauen gehegt und gepflegt wird. Gegen die Atomisierung der Natur durch die reduktionistische Laborwissenschaft setzen sie das ganzheitliche Erfassen der Natur durch Erfahrungs- und Handlungswissen und intuitives Sich-Eins-fühlen. Zentraler Begriff und Symbol der Ganzheitlichkeit ist das "Netz", in dem alle Fäden von Leben auf diesem Planeten miteinander versponnen sind und dessen bewußte Neuknüpfung Ökofeministinnen als Voraussetzung für ein anderes Mensch-Natur-Verhältnis sehen.
Diese Sicht des "Netzes des Lebens" als komplexes Geflecht wechselseitiger Abhängigkeit und Interaktion läßt es nicht zu, Teile dieses Ganzen als "anderes" zu definieren und auszugrenzen, sie setzt an die Stelle von Hierachie und Herrschaft das Prinzip der Kooperation und Kommunikation.
Aus diesem nicht-hierarchischen, holistischen Konzept innerer Verbundenheit will der Ökofeminismus eine neue Ethik sozialen und naturgerechten Verhaltens entfalten, die letztlich auf eine gesellschaftliche Werte- und Kulturrevolution abzielt.

Nun war der Ökofeminismus nie eine monolithische Position, sondern hat sich in ein breites Spektrum verschiedener Strömungen und Verästelungen ausdifferenziert. In diesem lassen sich grob zwei un-

terschiedliche Akzentsetzungen festellen: der kulturelle (oder radikale) und der soziale Ökofeminismus.
Die kulturrevolutionäre Richtung hat ihre Wurzel in der "weiblichen Spiritualität". Ökofeministinnen begaben sich auf eine Forschungsreise zur Wiederentdeckung von weiblichen Gottheiten in alten Kulturen, von Hexenritualen des Mittelalters und von Magie und Schamanismus, wie sie heute noch von einigen Ethnien praktiziert werden.
Starhawk, eine der führenden Konzeptionistinnen, nennt drei Kennzeichen für die wiederbelebte Verehrung der "Großen Göttin" bzw. für eine "erdzentrierte Spiritualität": zunächst das Prinzip der Immanenz des Göttlichen in der gesamten Welt, in der belebten und unbelebten Natur genauso wie in allen Menschen; zum zweiten die Verbundenheit "aller Teile des lebendigen Körpers der Erde"; zum dritten das Mitgefühl mit allen diesen Teilen in ihrer Vielfalt anstelle des Wunsches, sie als etwas "anderes" zu beherrschen.

In einer neuen Kultur wollen Ökofeministinnen gerade das aufwerten, feiern und zur politischen Veränderung nutzen, was "männliche" Kultur und Wissenschaft abwerten, zu kontrollieren und unterdrücken versuchen: Intuition, die "weibliche Fürsorgeethik" (Gilligan), das Gefühl des Eins-Seins mit Ökosystemen und anderen Lebewesen. Verändernde Kraft für "eine Revolution der Psyche wie auch der Gesellschaft" sollen Frauen aus ihrer "inneren Macht" schöpfen, aus dem "Vertrauen auf Körperwissen", aus Meditation, Ritualen und dem Wachrufen matrifokaler und friedfertiger Traditionen.

"Fühl deine Ganzheit. Fühl dein Einssein. Fühl die elementare Quelle unserer Macht. Verachte die patriarchalen Muster der Entfremdung, Angst, Feindseligkeit, Aggression und Zerstörung. Es ist nicht notwendig sie wegzudrängen; durch die bloße Konzentration auf die negativen maskulinen Gedanken ... und die Entscheidung, sie nicht mehr mit psychischer Energie zu füttern, schwindet ihre Macht und sie verblassen. Die Weisheit von unserem Körper/Geist kann diese künstlichen Denkgewohnheiten wie Wellen, die aus unserem Zentrum kommen, wegspülen... Das authentische weibliche Bewußtsein ist unsere Rettung". (Spretnak, in: Plant, 1989, 131)

Dieses Heilsversprechen - eine extreme Formulierung des Rettungsbewußtseins spiritueller Ökofeministinnen - zieht aus der richtigen Erkenntnis und Kampfparole der Frauenbewegung, daß das Private politisch ist, den falschen Schluß, daß unsere pathologische Gesellschaft nicht mehr sei als die Summe psychisch deformierter Individuen und daß die Häufung individueller Selbstentdeckung und -befreiung quasi automatisch in die Qualität gesellschaftlicher Veränderung umschlage. Nicht-kognitive Erkenntnismethoden werden verabsolutiert, neuer Individualismus und Innerlichkeit gekoppelt mit einer neuen Variante gesellschaftlicher Zusammenbruchstheorie. Ausgerechnet die Metaphorik, mit deren Hilfe Männer Frauen jahrhundertelang entwürdigt und entwertet haben, soll nun eine befreiende Dynamik entfalten.
Gleichzeitig befinden sich kulturelle Ökofeministinnen auf einer ständigen Gratwanderung, den patriarchalen Dualismus von Natur/Kultur, von Vernunft/Gefühl aufbrechen zu wollen und ihn letztlich doch zu bestätigen. Wo Frauen als privilegiert zur Rettung der Erde gesehen werden, liegt die Fußangel einer Hierarchie mit umgekehrtem Vorzeichen und eines platten Geschlechterdualismus nahe. Frauen als Mittäterinnen und Männer als Opfer der "männlichen" Zivilisation bleiben ebenso weitgehend ausgeblendet wie soziale Unterschiede zwischen Frauen. Diese Unterschiede haben schwarze Frauen seit Jahren in der Debatte über Feminismus und Rassismus vehement auf die Tagesordnung gesetzt.[11]
Kulturelle Ökofeministinnen unterliegen der Tendenz, essentialistisch eine universelle Frau-Natur-Beziehung und ein abstraktes Wesen Frau jenseits historischer und kultureller Unterschiede zu konstruieren. Die Konzentration auf die Ebene symbolischer Ordnung und affektiver

---

11 Vgl. auch die Kritik am Ethnozentrismus und Dualismus von Mary Daly durch Audre Lourde, Bell Hooks und Ynestra King.

Bindung verstellt den Blick auf soziale und materielle Lebensbedingungen von Frauen, auf das durch die geschlechtliche Arbeitsteilung und den Besitz von natürlichen Ressourcen konstituierte Frau-Natur-Verhältnis, das in unterschiedliche Klassen- und Geschlechterbeziehungen eingebettet ist.

Es ist kein Zufall, daß zur Konzeption des sozialen Ökofeminismus im Gegensatz zum kulturellen Ökofeminismus eine Reihe nicht-weißer Frauen bzw. Frauen aus dem Süden wesentlich beigetragen haben.
Die Inderin Corinne Kumar D'Souza kritisiert (wie auch Vandana Shiva) die Monokultur des europäischen Utilitarismus, der sich sowohl im Profit- und Konkurrenzprinzip der Marktwirtschaft als auch in der Philosophie des Individualismus ausdrückt. Die westliche Kultur zog aus und machte sich die Erde untertan, wobei sie die Kulturen und Ökonomien des Südens genauso als "andere", minderwertige definiert, wie sie auch Superiorität gegenüber Frauen als "anderen" konstruiert hat. D'Souza fordert einen neuen Universalismus, für den die sozialen Bewegungen des Südens ein visionäres Paradigma setzen können: eine neue Kosmologie und ein neuer Sozialismus, die die eurozentristischen und patriarchalen Universalien: Wissenschaft, Technik und Entwicklung ersetzen.

Wie sie plädiert auch Ynestra King für "Inklusion", für die Anerkennung von Unterschieden und Pluralität in Gesellschaften und Natur statt der Ausgrenzung von "anderen". Diversität als politisches Konzept, d.h. Achtung der Differenz und Vielfältigkeit, ist ein anti-hierarchisches Prinzip und schließt Herrschaft aus.

Soziale Ökofeministinnen fordern wie die kultur-revolutionären ein neues Zivilisationsmodell und eine neue Ethik für die gesellschaftlichen und die Mensch-Natur-Beziehungen. Sie setzen jedoch nicht auf Spiritualität als treibende Kraft sozialer und kultureller Revolution und eines neuen Politikverständnisses, sondern auf soziale Bewegungen, die für politische und wirtschaftliche Veränderungen kämpfen. Sie betonen die

Naturnähe von Frauen als historisch und sozial geformt statt biologisch geprägt und betrachten Frauenunterdrückung nicht als historisches Grundmodell aller Unterdrückung, sondern als eine Form neben der Unterwerfung von Klassen, Rassen und kolonisierten Regionen der Erde.

Gemeinsam ist allen Ökofeministinnen die Ablehnung einer Integrationsstrategie, die Frauen mittels gleicher Rechte und Beteiligung an der patriarchalen Kultur in das westliche Zivilisationsmodell einbindet. Macht - nicht Herrschaft über Natur und Menschen - sollen Frauen aus ihrer "inneren Stärke" bilden, die sich aus ihrer Naturverbundenheit, der Fürsorglichkeit und ihrem affektiven Potential speist, d.h. aus der weiblichen Differenz, dem Anderssein von Frauen. Die positive Wendung weiblicher Naturnähe als Ressource zur Rettung des Planeten macht die Verwandtschaft des Ökofeminismus mit dem Konzept der Geschlechterdifferenz deutlich.[12] Gemeinsam ist diesen Ansätzen, daß weibliche power sich nicht in Kämpfen um Gleichheit in der männlichen Kultur verschleißen und vereinnahmen lassen darf, sondern Selbstvertrauen, eine eigenständige Autorität und Symbolik entfalten muß.

Protestaktionen von Ökofeministinnen richteten sich zunächst vor allem gegen die nukleare Bedrohung und die fortschreitende Militarisierung. Eine gelebte Umsetzung ökofeministischer Philosophie stellt Plant mit dem Konzept des Bioregionalismus vor. Dies bedeutet, daß Menschen "sich der Umwelt anpassen, statt diese ihren vorgefaßten Ansprüchen anzupassen."

Ökofeministinnen verbindet mit anderen ökophilosophischen Ansätzen die Forderung, einen neuen Wissenschaftstypus unter Einbezug nicht-

---

12 Der Differenzansatz geht in Europa vor allem auf die französische Psychoanalytikerin Luce Irigaray zurück, die für Frauen aufgrund ihrer Sexualität und ihres Zyklus eine "nicht auflösbare Beziehung ihres Körpers zum Universum" behauptet. (Die Zeit der Differenz. Für eine friedliche Revolution, Frankfurt/New York 1991, S.47) Vgl. auch: Libreria delle donne di Milano, Wie weibliche Freiheit entsteht. Eine neue politische Praxis, Berlin 1988

kognitiver Erkenntnis- und kultureller Ausdrucksformen zu entwickeln. Gemeinsam ist auch die Kritik am Anthropozentrismus des post-aufklärerischen Weltbilds und das Ziel, die Entfremdung zwischen Mensch und Natur zu überwinden. Ökofeministinnen werfen Vertretern anderer ökophilosophischer Strömungen wie Deep Ecology, Gaia-These und Soziale Ökologie[13] jedoch die Geschlechtsneutralität ihres Ansatz und ihre Blindheit gegenüber dem Androzentrismus der westlichen Denktradition vor.

Zu einem Streitpunkt ist die biodiktatorische Position einiger Vertreter der Deep Ecology in bezug auf das Bevölkerungswachstum geworden. Hungerkatastrophen und AIDS werden als Reaktion der Natur auf Belastung und Zerstörung durch Menschen gerechtfertigt. "Der Aids-Virus wird wohl Gaias maßgeschneiderte Antwort auf die Überbevölkerung sein." (Connar, 1987, 16). Damit die Natur sich regenerieren kann, wird es abgelehnt, Kinder in Afrika zu impfen oder Hungerleidenden

---

13 Der norwegische Philosoph Arne Naess entwickelte die Deep Ecology als Gegenkonzept zur Shallow Ecology, die einen utilitaristischen Bezug auf die Natur hat und ihr keinen Eigenwert und keinen Rechtsanspruch auf Überleben zugesteht. Gegen dieses Dominanzmodell stellt die Deep Ecology einen biozentrischen Egalitarismus, in dem die Biosphäre in ihrer Diversität und der Mensch in wechselseitiger Abhängigkeit aufeinander bezogen sind. Er kritisiert den Anthropozentrismus der westlichen Kultur und Wissenschaften, die dem Menschen Superiorität gegenüber der Natur einräumt und damit das moralische Recht, sie zu erobern und zu beherrschen.
Vertreter des Gaia Modells wie James Lovelock und Edward Goldsmith rekonstruieren ein organisches Weltbild, dessen Teile, darunter die Menschen, sich zwar in einem ständigen Ungleichgewicht befinden, aber durch Kooperation und Interdependenz selbst regulieren und letztendlich die Stabilität des Ganzen erhalten.
Nach Auffassung der Sozialen Ökologie sind soziale Hierarchien die Ursachen für den instrumentalistischen Naturbezug und die Konkurrenz- und Wachstumsausrichtung der Ökonomie, die Natur zwangsläufig zerstören. Im Gegensatz zu anderen Ökophilosophen, die für eine Rückkehr in vorindustrielle Zeit plädieren, hält Murray Bookchin, der Begründer der Sozialen Ökologie, am emanzipatorischen Potential der Moderne fest, auch wenn er ein neues Reich der Freiheit nur in Kooperation und einem Verhältnis der Gegenseitigkeit zwischen Gesellschaft und Natur sieht.

Nahrungsmittelhilfe zukommen zu lassen. Der Knackpunkt der Kontroverse ist, daß Ökofeministinnen es ablehnen, das menschliche Recht auf Leben und das Recht auf freie Entscheidung der Frau über Geburtenkontrolle der Ressourcenschonung unterzuordnen.

Das weibliche Prinzip

In Deutschland ist der Ökofeminismus vor allem durch Vandana Shivas Buch "Das Geschlecht des Lebens" und den Ansatz von Maria Mies bekannt geworden. Auch für diese beiden Autorinnen ist die Naturverbundenheit von Frauen der Dreh- und Angelpunkt ihrer Argumentation. Mies begründet die Naturnähe von Frauen damit, daß sie neues Leben aus ihrem Körper hervorbringen. Deshalb achten sie - so Mies - die Produktivität der Natur und entwickeln einen "reziproken Gegenstandsbezug auf die Natur". Männer beziehen sich dagegen mit Werkzeug und Waffen instrumentell und destruktiv auf die Natur.[14]

Für die indische Physikerin und Wissenschaftstheoretikerin Shiva ist es prakriti, die "schöpferische Kraft in friedlicher Form", die Frauen und Natur verbindet. Der patriarchale Generalangriff auf dieses "weibliche Prinzip" sind die Dreifaltigkeit von mechanistischem Wissenschaftskonzept, Kolonialismus und westlichem Entwicklungsmodell - sämtlich, wie sie schreibt, Projekte des weißen Mannes, die auf der Gewalt gegen die Natur, nämlich der Zerstörung von Wäldern, Böden und Gewässern und der Gewalt gegen Frauen, nämlich der Marginalisierung

---

14 Maria Mies kommt wie auch Veronika Bennholdt-Thomsen und Claudia von Werlhof das Verdienst zu, mit dem sog. "Bielefelder Ansatz" gezeigt zu haben, wie Frauen, die sog. Dritte Welt und die Natur in einem fortdauernden Kolonisierungsprozeß unterworfen und als Ressourcen ausgebeutet werden. Mit ihrem Schlüsselbegriff der Hausfrauisierung haben sie einen analytischen Bogen zwischen Frauen im Norden und Süden geschlagen und mit der Verknüpfung von Kapital- und Patriarchatsanalyse das Fundament für eine feministische Gesellschaftstheorie mit Globalanspruch gelegt.

ihrer naturbezogenen Arbeit und Kenntnisse und damit der Entwertung des Frau-Seins beruhen. Shiva urteilt das Modernisierungsmodell pauschal als "Fehlentwicklung" ab und läßt auch an der modernen Wissenschaft, Technik und Industrie kein fortschrittliches oder befreiendes Haar.

Die Frauen der chipko-Bewegung im indischen Himalaya, die Bäume durch Umarmen vor den Äxten und Sägen anrückender Holzfäller retteten, sind ihr ein Beispiel, wie Frauen sich ihr Verständnis der Natur und eine "partnerschaftliche" Kooperation mit ihr bewahrt haben. Sie handeln in ihrer Alltagspraxis und in den ökologischen Kämpfen zum Erhalt der natürlichen Überlebensgrundlagen aus dem lebensspendenden "weiblichen Prinzip", prakriti, heraus. Die "Rückgewinnung dieses weiblichen Prinzips" als gesellschaftliches Entwicklungskonzept gilt Shiva als einzig möglicher Weg aus der Doppelkrise von Ökologie und Entwicklung.

Zwar ist die "schöpferische Kraft" in der indischen Kosmologie weiblich, doch sie erschafft nichts ohne das männliche Prinzip. Andererseits wird die weibliche Kraft wie auch die Natur ambivalent gesehen, zum einen lebensspendend und wohlwollend nährend, zum anderen zerstörerisch und totbringend. Aus dieser Widersprüchlichkeit schält Shiva das weibliche Prinzip als "Aktivität und Kreativität in der Natur, in den Frauen und in den Männern" heraus. Die Natur verliert bei ihr den bedrohlichen Charakter und ist zur Idylle geglättet.

Unverständlich bleibt, warum sie, die sich gegen eine biologistische und dualistische Interpretation verwahrt, an der Begrifflichkeit von "weiblich" und "männlich" festhält, die nach genau dem Biologismus riecht, dem der deutsche Titel ihres Buches dann voll aufsitzt, wenn er unterstellt, das Leben habe nur ein Geschlecht: das weibliche nämlich (Der englische Originaltitel heißt: Staying alive).

Faszination und Verdienst von Shivas Argumentation liegen darin, daß sie ihrer radikalen Absage an das westliche Entwicklungsmodell ein Widerstandspotential, einen alternativen Schatz an Wissen und Überlebenstechnologie und die Vision einer genügsamen Selbstversorgungswirtschaft gegenüberstellt. An die Stelle des Fortschrittsoptimismus des herrschenden Entwicklungsmodells setzt sie jedoch einen Vergangenheitsromantizismus: Die vorkoloniale indische Subsistenzgesellschaft erhebt sie, unter Ausblendung aller patriarchalen und feudalen, Kasten- und Klassenstrukturen, zum Gegenmodell, in dem in Harmonie mit der Natur und mit Respekt für Frauen und ihr Wissen gewirtschaftet wurde.

Wie auch immer Ökofeministinnen die Naturnähe von Frauen begründen, ob nun biologisch durch den schöpferischen Akt des Gebärens oder sozial durch die geschlechtspezifische Arbeitsteilung, jedenfalls wird sie zu einer überkulturellen und überhistorischen Konstante universalisiert. Sie prädestiniert Frauen zur Avantgarde bei der Rettung der Erde. Ethnologische Forschungen zeigen jedoch, daß biologische Unterschiede keineswegs überall gleich kulturell und symbolisch überformt werden. In Subsistenzgesellschaften, innerhalb deren das Geschlechterverhältnis kulturell sehr unterschiedlich egalitär oder hierarchisch ausgeprägt war, haben Frauen und auch Männer im Austausch mit der Natur arbeitsteilig gewirtschaftet und Kenntnisse über die Natur gesammelt. Die geschlechtliche Arbeits- wie auch Wissensteilung ist keine statische Größe in ruralen Gesellschaften, sondern hat sich historisch vor allem durch den stärkeren Einbezug der Männer in die Geld- und Marktwirtschaft, aber auch durch die Zerstörung der Umwelt verändert.

Shiva generalisiert den Natur-Bezug der Frauen aus der chipko-Bewegung zur paradigmatischen Naturbindung von Frauen des Südens. Sie vertraut ganz darauf, daß die holistischen Kenntnisse und überbrachten Technologien von Frauen und indigenen Volksgruppen, die "Ethnowissenschaften", ausreichen, um auch unter Bedingungen, wo die Ökosysteme als intakte Organismen zerstört sind, neue Überlebensstrategien zu entfalten.

Konsumverzicht und moralische Ökonomie

Maria Mies setzt auf Frauen im Norden als Antriebskraft für die überlebensrettende Wende. Sie sollen ihre Komplizenschaft als Käuferinnen mit dem Produktionssystem aufkündigen, das die Natur, Frauen und Dritte Welt ausbeutet. Wie Shiva sieht auch Mies die Rückkehr zur Subsistenzgesellschaft als Königinnenweg aus der Ökokrise, nicht nur für die überwiegend noch agrarischen Gesellschaften des Südens, sondern auch für die hochindustrialisierten Gesellschaften. Zurück aufs Land, zurück zur Arbeit als Interaktion mit der Natur und mit Menschen statt mit Maschinen, zurück zu einer Arbeit, die gleichzeitig "Last und Lust" ist, zurück zu dezentralen kleinbäuerlichen und handwerklichen Selbstversorgungseinheiten. Ziel einer solchen "moralischen Ökonomie" ist die "Herstellung und Erhaltung des Lebens" unter Wahrung der Würde von Frauen und Natur statt des kategorischen Imperativs unendlichen Wachstums.

Beide Autorinnen fragen nicht, ob eine solche Strategie des Vorwärts in die Vergangenheit überhaupt noch möglich ist, angesichts der Untergrabung der alten Überlebensbedingungen durch Naturzerstörung und Marktwirtschaft, und ob sie von breiten Bevölkerungsschichten gewünscht ist. Denn auch im Süden ist längst bei vielen Armen die Sehnsucht nach Befreiung von Armut durch Konsum und nach Befreiung von Arbeitslast durch Technik erfolgreich geschürt worden.

Als Übergangsstrategie setzt Mies auf eine Konsumbefreiungsbewegung. Sie hat mit ihrem Plädoyer für Konsumverweigerung sehr früh den Blick geschärft für die Mittäterschaft von Frauen an der ökonomischen Ausbeutungslogik, und damit einen zentralen Strang der derzeitigen ökologischen Debatte zwischen Nord und Süd vorweggenommen: nämlich die des Lebensstils (vgl. weiter unten). Konsumverzicht, vorbildhaft von Mittelstandsfrauen vorgeführt, und die Politisierung des Einkaufs sind für sie nicht nur individuelle Ausstiegsstrategien. Vielmehr sollen sie, ausgeweitet zu breiten sozialen Kampagnen, das gesamte kapitalistische System aus den Angeln heben - eine andere Variante von Zusammenbruchstheorie.

Der Appell an die einzelnen, den "Feind in der eigenen Brust" zu überwinden, fragt zum einen nicht mehr nach den Proportionen von privatem, kommerziellem und staatlichem/militärischem Ressourcenverbrauch und Verschmutzung. Zum anderen stellt Mies für die Frau nur das innere, moralische Dilemma in Rechnung, nicht aber Dilemmata in der Lebensrealität von Frauen, mit ihrem Zeit- und Geldbudget, mit Männerwünschen und -forderungen.

Es wird suggeriert, der individuelle Systemausstieg sei voluntaristisch allein per Kaufverweigerung zu bewerkstelligen. Daß Frauen selbst Produzentinnen bzw. Erwerbstätige in eben diesem System oder abhängig von erwerbstätigen und konsumierenden Ehemännern sind, ist ausgeblendet. Die Macht der Konsumentin erscheint zweckoptimistisch überhöht und losgelöst aus dem Geflecht wirtschaftlicher und politischer Herrschaft; Abwehrkräfte und Auffangmechanismen des Kapitals werden nicht in Rechnung gestellt. Mies erklärt nicht, wie groß denn die geballte Macht der KonsumentInnen sein muß, damit "Politiker und Unternehmer ihnen folgen" in der Philosophie, daß Weniger Mehr ist, und bereit sind, die Ausbeutung der Natur und der Dritten Welt zu beenden.

Mit ihrer Forderung nach Konsumabstinenz begibt Mies sich auf das normativ-moralische Glatteis der Bestimmung, was richtige und falsche, was notwendige und überflüssige Bedürfnisse sind. Sie geht nicht von der realen Lebenssituation von Frauen verschiedener sozialer Klassen aus, sondern von Normen wie richtige Bedürfnisse und naturverbundene Arbeit, und leitet daraus als politische Strategie moralische Forderungen ab.

Während Shiva gegenwärtige Probleme der Geschlechterhierarchie aus ihren Überlegungen und ihrer Perspektive nahezu vollständig ausklammert, glaubt Mies, daß in ihrer Vision einer nicht-ausbeutungsorientierten Selbstversorgungswirtschaft die Bedingungen für ein Aufbrechen der geschlechtlichen Arbeitsteilung und damit für neue Geschlechterbeziehungen erheblich verbessert sind.

2. DAWN-Ansatz

1984 schlossen sich Wissenschaftlerinnen und Aktivistinnen aus dem Süden zum Projekt "Development Alternatives with Women for a New Era" zusammen und legten auf dem NRO-Forum des UN-Weltfrauenkonferenz 1985 in Nairobi eine Broschüre zur Diskussion vor. Ihr ebenso fundiertes wie engagiertes Plädoyer für ein anderes Entwicklungsparadigma war nicht nur ein herausragendes Ereignis des NRO-Forums in Nairobi, sondern ein historischer Meilenstein in der internationalen Frauendebatte über Entwicklung.
Ausgangspunkt ihrer Analyse ist die Erfahrung von Frauen mit der umfassend zugespitzten Krisensituation durch existentiell bedrohliche Versorgungsprobleme mit Nahrung, Energie und Wasser, durch wachsende Staatsverschuldung, Militarismus und kulturelle Einbrüche, die männlichem Chauvismus, religiösen und politischen Fundamentalismen und sexistischer Gewalt Auftrieb geben. Frauen sind, obwohl in hohen Maße Leidtragende dieser Multikrise, zunehmend Überlebensgarantinnen.
Die DAWN-Perspektive, nämlich aus der Optik betroffener Frauen im Süden eine Globalsicht auf die Verflochtenheit von ökonomischer Makroebene und alltäglichen Lebenszusammenhängen zu entfalten, führt zur Ablehnung bisheriger expertengeleiteter Krisenbewältigungsversuche wie der Grundbedürfnisstrategie, weil sie "von oben nach unten" konzipiert ist und vor allem auf die Marktintegration armer Frauen abstellt, ohne an den gesellschaftlichen und geschlechtlichen Machtverhältnissen zu rühren.
Das Konzept von Macht als Teil einer symbolischen und politischen, sozialen und ökonomischen Ordnung ist zentral für die Entfaltung von Strategien mit der Vision einer "Gesellschaft aus Frauenperspektive" ohne Armut und Frauenunterdrückung. "Wir wollen eine Welt, in der Grundbedürfnisse zu Grundrechten werden." (DAW.N 1985, S.73) Macht sollen die immer neu kolonisierten Länder des Südens durch Ansätze zu einer national eigenständigen Entwicklung gewinnen, die mehr auf Selbstversorgung als auf Weltmarktintegration setzt. An die

Stelle einer Gleichheitspolitik, die Frauen lediglich ein größeres Stück vom vergifteten Kuchen verschafft, setzt DAWN ein Konzept von *empowerment* für Frauen. Als Strategie individueller und kollektiver Machtbildung schließt es Beteiligung an politischen Entscheidungen, Stärkung von Fraueninitiativen und -organisationen, Aufwertung von Frauenarbeit sowie Kontrolle über Produktionsmittel und Ressourcen ein und stellt auf gesellschaftliche Transformation ab. "Während der Frauendekade galt implizit, daß das Hauptproblem der Frauen in der Dritten Welt die unzureichende Beteiligung an einem ansonsten nützlichen Prozeß des Wachstums und der Entwicklung war. Unsere Erfahrungen haben dazu geführt, diese Annahme jetzt zu bestreiten." (S.11) Strategie zur Bildung von Frauenmacht ist Organisierung und Vernetzung von Bewegungen unter Achtung ihres Erfahrungs- und Ideenreichtums.

DAWNs Bekenntnis zu einer Vielheit von Feminismen und der Verweis auf historisch und kulturell eigenständige Frauenbewegungen im Süden enthält eine klare Absage an den Führungsanspruch westlicher Feministinnen und ist Ausdruck eines neuen Selbstbewußtseins von Frauen des Südens. Ihre Unterdrückung sehen die Frauen als nicht abtrennbar von der Unterdrückung des Südens durch den Norden, sondern gerade verzahnt mit Klassen-, Rassen- und Länderunterdrückung. Diese Analyse hat DAWN bis heute fortgeführt: Ihre Optik ist ganzheitlich und umfassend ausgehend von der Lebenssituation armer Frauen des Südens. Den zentralen Begriff *sustainability* konkretisiert DAWN als "dauerhafter Lebensunterhalt".

Umwelt/Natur war und ist für DAWN kein eigenständiges Thema wie für ökofeministische Anätze, auch wenn Umwelt derzeit einer der Forschungsschwerpunkte von DAWN ist (die beiden anderen sind alternative Ökonomie und Selbstbestimmungsrecht über die Fortpflanzung). Vielmehr werden Umweltzerstörung und die Überausbeutung von Ressourcen als Folge einer letztlich destruktiven Ökonomie des Weltmarkts und der kapitalistischen Wachstumsdoktrin begriffen.

Deshalb stehen im Zentrum von DAWN-Analysen und -Strategien auch nicht Frau-Natur-Beziehungen, sondern die Erfahrungen von Frauen in der umfassenden Entwicklungskrise, die eine ökonomische, ökologische und kulturelle Krise gleichzeitig ist. Die unmittelbare Erfahrung der Verkettung von Entwicklungs- und Umweltproblemen, die Frauen durch die Vernichtung ihrer Existenzgrundlagen machen, prädestiniert sie für ein überlebenszentriertes und ökologisches Entwicklungsmodell.

"Frauen haben aufgrund ihrer unterschiedlichen Erfahrungsbasis eine andere Perspektive in die Umweltdebatte eingebracht. Das Leben armer Frauen ist nicht zerstückelt und ihre Arbeit ist kontinuierlich. Deshalb sehen sie die Probleme mit einer viel breiteren Perspektive ... Frauen im Süden und die Armen im allgemeinen sind wegen der tiefen Kenntnis der lokalen Verhältnisse und des Wissens, das zur Integration von Ressourcenmanagement und Entwicklung notwendig ist, in der Lage, die engen Verbindungen zwischen Umwelt und Wirtschaft zu identifizieren." (DAWN 1992, S.21f)

Hier stellt sich wie bei Shiva die Frage, ob arme Frauen des Südens nicht zu einem Archetypus homogenisiert werden und ihr Erkenntnispotential überhöht wird. Haben sie weltweit aufgrund ihrer Erfahrungen wirklich den Durchblick durch die komplexe Krisensituation?

3. WED: Women - Ecology - Development
Förderkonzepte in der Entwicklungshilfe

Überlegungen zu Frauenprojekten der Entwicklungshilfe im Bereich Ökologie und Ressourcenmanagement bewegen sich bislang im Rahmen von Frauenförderkonzepten (Women in Development). Frauenförderung erlebte als Folge der von den Vereinten Nationen deklarierten Frauendekade 1975-1985 eine Konjunktur in den Programmen nichtstaatlicher, staatlicher und multinationaler Hilfsorganisationen.
Die Pionier-Studie von Ester Boserup, die das Augenmerk auf die systematische Marginalisierung von Frauen durch Modernisierungspro-

zesse gelenkt hatte, war Grundlage dafür, daß die "Integration der Frauen in die Entwicklung" zur Leitlinie der Förderpolitik erklärt wurde: Die "Unsichtbaren" sollten sichtbar gemacht werden, die Vernachlässigten den Vorsprung der Männer "nachholen" und an der Modernisierung und dem "Hauptstrom" der Entwicklung partizipieren.

Im folgenden sollen die politischen Konzepte vor allem an ihrer Praxis gemessen werden. Drei Haupttypen bzw. drei Generationen von Förderprogammen lassen sich im Rückblick grob unterscheiden. Die erste Generation von Projekten setzt bei den "Reproduktionsaufgaben" der Frau als Hausfrau und Mutter mit Kursen für Hauswirtschaft, Hygiene und Nähen an und unterliegt einer Wohlfahrts- und Fürsorgeorientierung. Der zweite und inzwischen häufigste Typus sind einkommenschaffende Maßnahmen, die durch Ausbildung und Kreditvergabe eine Marktintegration und Produktivitäts- und Effizienzsteigerung weiblicher Arbeitskräfte betreiben. Der dritte Typus sind Selbsthilfeprojekte, in denen die "Eigenanstrengungen der Armen" zur Armutsbekämpfung in der verschärften ökonomischen und ökologischen Krise mobilisiert werden. Alle Programme bezweckten zumindest implizit eine "Statusverbesserung" von Frauen, d.h. Schritte hin zu mehr Gleichstellung innerhalb der bestehenden Verhältnisse.

Ein wichtiges Kriterium zur Einschätzung von Fördermaßnahmen haben Molyneux und Moser mit der Unterscheidung von praktischen und strategischen geschlechtsspezifischen Interessen (practical and strategic gender needs) vorgelegt: Praktische Interessen von Frauen zielen auf Hilfe bei Alltagsaufgaben und -problemen sowie auf eine Verbesserung ihrer Lebenschancen im Rahmen des existenten Geschlechterverhältnisses. Strategische Interessen orientieren dagegen auf eine Veränderung der Geschlechterhierarchie.
Frauenförderprogramme gehen von praktischen Interessen aus. Da Frauen jedoch selten Planungs- und Entscheidungsbefugnisse in Projekten erhalten, sondern oft nur als Vollzugsorgane aktiviert werden, befriedigen diese manchmal nicht einmal die unmittelbar praktischen

Bedürfnisse. Da werden Brunnen gebohrt und Handpumpen an Stellen installiert, die für Frauen schlecht erreichbar sind; da stellen Gesundheitsprogramme auf Familienplanung ab, statt die oft tödlichen Kinderkrankheiten Masern und Durchfall zu bekämpfen; da pflanzen Frauen Bäume in Monokultur, die für die Selbstversorgung mit Feuerholz und Futter ungeeignet sind.
Wenn jedoch an praktischen Interessen von Frauen angknüpft wird, ist dies zunächst Mängelverwaltung. Denn an der Armuts- und Unterdrückungssituation von Frauen ändert sich strukturell nichts. Agarwal (1992) nennt dies den "Aspirin-Ansatz" der Frauenförderpolitik, der weder präventiv noch kurativ wirkt, sondern lediglich an Symptomen doktert.

Empowerment als Zugewinn von Macht- und Rechtsbasis für die Frauen, Stärkung ihrer Organisierung, Kontrolle über Ressourcen und neue Entscheidungsbefugnisse setzte sich Frauenförderpolitik bisher nicht zum Ziel, ja, wurde oft sogar als Einmischung in die inneren Angelegenheit fremder Kulturen tabuisiert. Die Durchsetzung strategischer Fraueninteressen war deshalb eher zufälliges, nicht aber intendiertes Resultat von Förderprogrammen.
Gleichzeitig fällt jedoch auf, daß die etablierten Geberorganisationen die Terminologie ihrer Kritikerinnen teilweise übernehmen. Der Begriff *empowerment* ist - wie der der *sustainability* - längst Allgemeinplatz geworden und in der Programmatik mit Partizipation verschmolzen, obwohl er mit seinem Gehalt sozialer Transformation als Gegenbegriff dazu konzipiert war. Die Einlösung dieser progressiven Rhetorik in der Praxis steht jedoch auf einem anderen Blatt.
Grundsätzlich gilt für Projekte, daß auch die besten keinen Einfluß auf makro-ökonomische Strukturen nehmen können. Wenn sie kein *empowerment* und keine soziale Transformation zugunsten von Frauen bewirken, haben sie vor allem den Charakter von Reparaturbetrieben: sie investieren in "Humankapital" in der Hoffnung auf eine Stabilisierung bzw. Effizienzsteigerung der markt- und wachstumsorientierten Entwicklung. Die Verbesserungen, die sie für einzelne erzielen können,

bleiben damit lediglich kosmetische Veränderungen in einer Entwicklung, die als ganze Fraueninteressen zuwiderläuft.
Nach der "Entdeckung" von Frauen als entwicklungspolitisch vernachlässigte Größe in den siebziger Jahren wurde in den achtziger Jahren die Umwelt als vernachlässigte Kategorie entdeckt. Die Notwendigkeit, Ressourcen effizienter zu managen und zu schützen, Umweltschäden zu verhindern oder zu reparieren, hat dazu geführt, daß Frauen als nutznießende und schützende Sachwalterinnen der Natur neu wahrgenommen wurden.
So wie die entwicklungspolitischen Ziele der Ernährungssicherung, Grundbedürfnisbefriedigung und Geburtenkontrolle eine Orientierung auf Frauen und ihren Einbezug notwendig machten, so auch jetzt das Ziel des Ressourcenschutzes. Deshalb werden Frauen als Akteurinnen in Projekte der Ressourcenverwaltung und der Bewältigung der Ökokrise "integriert".
Dabei werden Umweltprobleme der politischen Ressortlogik untergeordnet und in einzelne Sektoren - Frauen und Forstwirtschaft, Frauen und Wasser, Frauen und Landwirtschaft usw. aufgespalten, um sie politisch administrierbar zu machen. Dieser Reduktionismus zerlegt den Gesamtzusammenhang in einzelne Problem- und Aktionsfelder und sucht nach isolierten, immanenten Lösungen. Im Gegensatz zum DAWN-Konzept und zu ökofeministischen Ansätzen stellt das Sektordenken das Entwicklungsmodell als Ganzes nicht in Frage.
Auch wenn noch keine systematische Projektkonzeption formuliert ist, so hat sich Management als zugrundeliegender Topos von Naturbezug herauskristallisiert. Diesem Ansatze entspricht folgendes Frauenbild: "Frauen sind die entscheidenden, aber weitgehend vernachlässigten Umweltmanagerinnen."(INSTRAW, 1991, S.26) Ihre Förderung war erklärtes Ziel der Weltversammlung in Miami.
Wie in Selbsthilfe-Projekten der Entwicklungshilfe wird auch im Umweltbereich eine Feminisierung der Verantwortung an der Basis vorangetrieben. Neues Stichwort ist "primary environmental care" (vgl. Leach, 1992, S.5). Die Übertragung der Bezeichnung "primary health care" auf die Umwelt zeigt die Ausdehnung der Begrifflichkeit von

Krankheit und Gesundheit auf alles Leben, menschliches wie nichtmenschliches. Frauen als Generalistinnen des Pflegens und Heilens werden nun auch als Haushälterinnen der Natur eingesetzt, ihr häuslicher Fürsorgebereich auf das lokale natürliche Umfeld erweitert. Wo die Natur als oikos, als Heimstatt, wiederentdeckt ist, wird die weibliche Sorgebereitschaft für die Vor- und Nachsorge von Umweltschäden genutzt. Die Ausdehnung des Fürsorgebegriffs vom Sozialen auf die Natur bedeutet eine Hausfrauisierung des Umweltschutzes an der Basis. Dabei besteht die Gefahr, daß Frauenarbeit und -wissen als unbezahltes Humankapital zur Optimierung von Umweltprogrammen und zur Abfederung lokaler ökologischer Krisen instrumentalisiert wird. "Ihr traditionelles Wissen sollte von Entwicklungsagenturen zur Erhöhung der Projekteffizienz genutzt werden." (World Bank, 1992, S.10)

Mit der ökologischen Krise hat sich ein neuer Bereich eröffnet, in dem gesellschaftliche Drecks- und Sisyphusarbeit vonnöten ist. Die Aufgabenzuweisung von UNEP-Direktor Mostafa Tolba ist prototypisch: Frauen sollen "das Mißmanagement auf nationaler und lokaler Ebene durch hausgemachte Anstrengungen und mit begrenzten Ressourcen reduzieren" (Eröffnungsrede zur Weltversammlung in Miami), d.h. mit wenig Mitteln und viel unbezahlter Arbeit. Zu befürchten ist, daß das Problem des wachsenden Arbeitsanfalls, der zum Krisenmanagement notwendig ist, nicht durch Arbeitsteilung zwischen den Geschlechtern gelöst wird, sondern durch eine Feminisierung der Verantwortung.

Ausschlaggebende Kriterien zur Bewertung von Frauen-Umwelt-Projekten sind - wie bei der gesamten Frauenförderung - die Fragen des *empowerments* und der Arbeitsbelastung von Frauen. Hinzu kommt als Kriterium *sustainability*, denn Umwelt-Projekte werden schlechthin als Beitrag zu einer dauerhaften Entwicklung betrachtet. Leitende Fragen müssen deshalb sein: Wird auf eine dauerhafte Beseitigung ökologischer Schäden und Instabilitäten hingearbeitet? Dient die angestrebte Problemlösung den involvierten Frauen dauerhaft als Grundlage ihrer Überlebenssicherung? Diese Fragen sind für Frauen-Umwelt-Projekte noch nicht systematisch untersucht, da es sich um einen gerade erst in politische Mode kommenden Projekttypus handelt. Einzelauswertungen liegen jedoch vor und sollen im folgenden am Beispiel der Energieversorgung exemplarisch diskutiert werden.

III.
Die doppelte Energiekrise im Süden Frauenarbeit und Energieversorgung

Im folgenden soll am Beispiel der Energieversorgung armer Haushalte im Süden die Komplexität der Zusammenhänge von Entwicklung, Umweltzerstörung, Armut und Frauenleben diskutiert werden.

Der Kern von Frauenarbeit und Energieversorgung ist in drei Zwiebelschalen eingebettet, die sowohl bei der Analyse des Problemfeldes als auch bei Handlungskonzepten mitgedacht werden müssen: die globale Ungleichheit, die soziale Ungleichheit innerhalb einer Gesellschaft und die geschlechtliche Arbeitsteilung innerhalb einer sozialen Gruppe.

Das knappe Viertel Erdbevölkerung in den Industrienationen verbraucht bekanntlich drei Viertel aller Energie und 85 Prozent der weltweiten Holzproduktion. Ein/e DurchschnittseuropäerIn vernutzt täglich umgerechnet 15 Liter Heizöl, eine achtköpfige indische Familie 0,8 Liter. Das heißt, ein/e InderIn lebt 15o Tage von der Energie, die jede/r EuropäerIn täglich verbraucht.

Die meisten privaten Haushalte in den Ländern der Zwei-Drittel-Welt sind von Brennholz und Holzkohle als Energiequelle abhängig, und dies bei einem in vielen Ländern vor allem durch industrielle Nutzung kontinuierlich reduzierten Baumbestand. Der private Energieverbrauch beträgt jedoch nur ein Fünftel des gesellschaftlichen Gesamtkonsums, vier Fünftel verschlingt der moderne Sektor. Vor allem in Afrika verfeuert die Industrie Unmassen Holz; in Tansania z.B. gewinnt sie 9o Prozent der benötigten Energie aus Holz. Afrika deckt zwei Drittel seines gesamten Energiebedarfs durch Holz, Asien ein Drittel, Lateinamerika ein Fünftel.

Im Rahmen der geschlechtlichen Arbeitsteilung ist die Beschaffung von Brennmaterial - wie auch von Wasser - für die privaten Haushalte vornehmlich Aufgabe der Frauen, an der die Männer sich in den wenigsten Regionen merklich beteiligen.[15]

Frauen werden in bezug auf das Problem der Waldvernichtung primär als Nutzerinnen von Feuerholz wahrgenommen. Diese Optik beruht auf einem eindimensional forstwirtschaftlichen Nutzungskonzept, das Wald auf seine Funktion als Holzlieferant reduziert.

Doch Wälder waren für indigene Völker, besonders aber für die Frauen ein Selbstversorgungskosmos. Sie sammelten dort Viehfutter, Früchte, Blätter als Gemüse, Nüsse zur Ölgewinnung, Kräuter und Samen als Heilmittel, Harz und Kautschuk, Rinden als Farbstoff, Fasern und Gräser zum Seile- und Korbflechten, Blätter und Holz zum Hausbau und totes Holz als Brennmaterial. Sie lebten mit und von den Wäldern, unterwarfen ihre Nutzung der Ressourcen jedoch strengen Regeln und Beschränkungen. In vielen Kulturen galten würdige alte Bäume oder der Baumbestand oben auf Bergen als Sitz von Geistern und durften deshalb nicht angetastet werden. Pflanzen, die als Erosionsschutz oder als Heilmittel besonders wertvoll sind, wurden als heilig verehrt.

Es war diese komplexe holistische Wertschätzung des Waldes als Ökosystem, die die Grundlage des Widerstandes der Frauen aus der Chipko-Bewegung im indischen Himalaya gegen die Abholzung war. In einem ihrer Lieder heißt es:

"Forstbeamte: Was enthalten die Wälder? Profite, Harz und Holz.

Frauen: Was enthalten die Wälder? Boden, Wasser und reine Luft. Erhalten uns die Erde und alles, was auf ihr wächst."(Shiva, 1989, S.91f)

Dieses multifunktionale kostenlose Biorepertoire wird nun als "kleinere Waldprodukte" klassifiziert und in seinem Überlebenswert völlig unterschätzt. Wenn Wälder abgeholzt oder staatlicher Nutzung unterstellt werden, verlieren Frauen nicht nur ihre Energiequelle, sondern eine wichtige Existenzgrundlage wird ihnen förmlich unter den Füßen weggezogen. Gleichzeitig wird ihr Handlungs- und Erfahrungswissen, das

---

15 Die Kinder helfen den Frauen, oft auch ältere Söhne.

mit diesem Bioorganismus verknüpft und gewachsen ist, obsolet und gesellschaftlich abgewertet.
Für Aufforstungsprojekte gilt umgekehrt, daß ein paar Bäume nicht schon einen Wald machen, denn eine monokulturelle Anpflanzung kann nicht die Biodiversität eines alten Ökosystems ersetzen.
Wenn es um Abholzung und die Verknappung von Holz geht, werden Frauen doppelt definiert: als Opfer und als Zerstörerinnen zugleich.[16]
Opfer sind Frauen, weil Abholzung, Versteppung und Erosion ihnen eine ständig wachsende Zeit- und Energieinvestition zur Beschaffung von Brennmaterial und Wasser abverlangen. Frauen in semi-ariden Gebieten Indiens sind jährlich 1400 km unterwegs, um Feuerholz zu sammeln, manche sogar 10 km täglich. Die Brennholzkrise wird so auch zu einer Zeit und Kraftkrise der Frauen: die kontinuierlich steigende Belastung geht an die Grenzen ihrer Tragfähigkeit. Hinzu kommen weitere Wege zur Trinkwasserbeschaffung, denn Abholzung stört die Wasserkreisläufe empfindlich und führt zur Absenkung des Grundwasserspiegels.
Betroffen sind vor allem Frauen aus landlosen und landarmen Haushalten, deren Versorgung von Gemeindeland und Wald abhängig ist, während landbesitzende Klassen ihren Energie- und Futterbedarf zumindest teilweise mit eigener Biomasse decken können. Auf diese Weise verstärkt die Energiekrise mit all ihren Konsequenzen soziale Unterschiede.
Der wachsende Arbeitsanfall durch Entwaldung kann sogar eine Ursache für den steigenden Kinderwunsch von Frauen sein. In Indien und im Sahel ist die Arbeitsbelastung ohne die Mithilfe von Kindern nicht zu bewältigen. Für Töchter wird deshalb manchmal der Schulbesuch unmöglich.

---

16 vgl. z.B. "Dabei ist die Frau zugleich Verursacherin und Opfer der Umweltzerstörung." Der Bundesminister für wirtschaftliche Zusammenarbeit, Frauen in Entwicklungsländern, Informationsvermerk 24/92, 15.4.1992

Der Mangel an Feuerholz zwingt Frauen zur Verfeuerung anderer Biomasse beim Kochen, z.B. Blätter und Stengel von Mais und Cassava, Maiskolben oder Tierdung. Diese werden in großer Menge benötigt, um ausreichend Kochenergie zu erzeugen, und stehen deshalb für traditionelle Techniken der Fruchtbarkeitsregulierung des Bodens wie organische Düngung und Mulchen nicht mehr zur Verfügung. Für Äthiopien wurde ermittelt, daß infolge der auf diese Weise sinkenden Bodenqualität die landwirtschaftliche Wertschöpfung um 30 Prozent sinkt.

Das Verbrennen von Kuhdung ist zudem in hohem Maße gesundheitsschädlich, da die Rauchentwicklung viel stärker ist als bei einem Holzfeuer.[17]

Entwaldung bewirkt in komplexer Weise eine Senkung des Ernährungsstandards. Infolge verminderten Einsatzes von Biomasse zum Erhalt der Bodenfruchtbarkeit sinken die Erträge, d.h. die Quantität der Nahrungsmittel. Aber auch die Ernährungsqualität sinkt, weil Brennmaterial fehlt und Frauen weniger Zeit zum Kochen haben. Im Wald können sie weniger Nahrungsmittel zur ernährungsphysiologischen Bereicherung des Speiseplans sammeln. Die Verknappung von Feuerholz nötigt Frauen, sich auf das Kochen einer Mahlzeit pro Tag oder auf Nahrungsmittel mit kürzerer Garzeit zu beschränken. Ernährungsgewohnheiten ändern sich grundlegend: In Mittelamerika wird der Konsum von Bohnen wegen der langen Garzeit reduziert, im Sahel mehr Reis statt Hirse gekocht. Energiemangel ist längst - neben Nahrungsmittelmangel - zur Ursache von Mangelernährung geworden, von der Frauen bekanntlich innerhalb der familialen Hierarchie am meisten betroffen sind. Damit sind Frauen in doppelter Weise Leidtragende der Abholzung: sie sind gezwungen, mehr Energie zu verausgaben, und nehmen weniger auf.

---

17 Stärkere Rauchentwicklung und geringere Hitzeerzeugung beklagen die Frauen auch bei minderwertigen Hölzern wie Eukalyptus.

Bei der wissenschaftlichen und politischen Behandlung der Problematik fällt auf, daß sie sich im wesentlichen auf diese beiden statistisch meßbaren Aspekte reduziert: nämlich auf die wachsende Arbeitsbelastung von Frauen, gemessen in Raum und Zeit, und auf die infolge der Energieverknappung gefährdete Ernährung, gemessen in Kalorienaufnahme. Die ökonomischen Folgen werden jedoch nicht berechnet. Dies verweist einmal mehr darauf, daß unbezahlte Frauenarbeit nicht als produktiver Beitrag zur gesellschaftlichen Wertschöpfung gezählt wird. Mellor hat dagegen für Nepal ermittelt, daß infolge der Abholzung jede Frau durchschnittlich 1,4 Arbeitsstunden mehr in die Feuerholz- und Futtersuche investiert als ein Jahrzehnt vorher. Diese Arbeitszeit fehlt den Frauen bei ihrer landwirtschaftlichen Tätigkeit. Dies hat eine jährliche Reduktion landwirtschaftlicher Arbeit um 24 Prozent pro Haushalt zur Folge. Damit sinkt die landwirtschaftliche Produktivität der Haushalte, was sich in einer um täglich mehr als 100 Kalorien geringeren Nahrungsmittelversorgung ausdrückt.
In vielen Regionen kommt als weitere Erschwernis hinzu, daß Regierungen Wälder, die früher Gemeineigentum waren, zum Staatseigentum erklären, oder Gemeindeland privatisiert wird. Wo die Staatsmacht sich die Kontrollgewalt über Wald aneignet, werden die anwohnenden indigenen Völker ihrer Nutzungsrechte an den Waldressourcen und ihres freien Zugangs enteignet. Dies gilt prinzipiell auch für staatliche Anpflanzungen auf ehemaligem Gemeindeland. Gleichzeitig vergeben die Regierungen Einschlagskonzessionen an die Papier- und Holzindustrie und andere Nutzungslizenzen an private Unternehmer, betreiben selbst kommerziellen Einschlag, versorgen die einheimische Industrie und die Städte mit Feuerholz oder erschließen mit der Abholzung dem Bergbau den Weg zu Bodenschätzen.
In Indien, wo große Waldgebiete seit der Kolonialzeit zu "reserved forest" erklärt wurden, ist den AnwohnerInnen zwar erlaubt, sich für den Eigenbedarf zu versorgen, doch ihr Nutzrecht ist nun vollständig von der Gunst von Forstbeamten abhängig. Der Staat tritt als selbsternannter Naturschützer auf, schützt jedoch letztendlich die Profitinteres-

sen der von ihm protegierten Unternehmen vor den Überlebensinteressen der indigenen Völker.
Dieser Raub an den traditionellen Nutzungsrechten der Einheimischen durch den Staat unterläuft auch die traditionellen Ausgleichsmechanismen von Nutzung und Schonung. AnwohnerInnen erleben eine schonungslose kommerzielle Ausbeutung der Waldressourcen, die vielerorts absehbar bald das gesamte Ökosystem des Waldes vernichtet. Mit dieser kommerziellen Ausbeutung treten die Frauen teilweise bewußt in Konkurrenz, weil sie nicht völlig leer ausgehen wollen.
Wo aber Forstbeamte Wald selbstherrlich als ihr Revier verwalten, installieren sie ein doppeltes Ausbeutungs- und Gewaltverhältnis: von Äthiopien bis Bangladesh verlangen sie von den Frauen für die Nutznießung Bestechungsgelder und sexuelle Dienstleistungen. Um sich gegen Vergewaltigungen zu schützen, gehen Frauen in Nordindien nur noch in Gruppen zum Holzsammeln.
Es sind Frauen aus den ärmsten Haushalten, die Feuerholz zum Weiterverkauf sammeln müssen, weil dies ihre einzige Einkommensmöglichkeit darstellt. Die Entrichtung von Tributzahlungen an Forstbeamte bedeutet für sie eine unmittelbare Reduktion ihres Geldeinkommens. Sie agieren als Energielieferantinnen für einen Großteil der städtischen Haushalte, wobei sie das gesammelte Brennmaterial häufig an Holzhändler verkaufen, die den Weitertransport übernehmen und die Hauptgewinnler sind.
Der Energiebedarf der äthiopischen Hauptstadt Addis Abeba wird zu 80 Prozent durch Biomasse gedeckt, die zu einem großen Teil Frauen und Kinder "illegal" aus 20 km entfernten Eukalyptuspflanzungen herbeischleppen. Auch hier besteht ein ursächlicher Zusammenhang zwischen Armut und Umweltzerstörung: Die Frauen gehören zur ärmsten städtischen Bevölkerungsklasse, sind zu 60 Prozent Haushaltsvorstände und haben keine Alternative zu diesem Einkommenserwerb.
Diese Frauen nun Umweltzerstörerinnen zu schimpfen, heißt, Opfer zu Schuldigen zu machen. Es sind die Armutsverhältnisse sowie die vorausgegangene kommerzielle Verknappung der Waldressourcen, die

Frauen nun auch zu umweltzerstörerischer Ressourcenplünderung zwingen, um ihre Existenz zu sichern.[18] Ihre Kopf- oder Korblast steht dennoch in keinem Verhältnis zu den Lastwagenladungen, die Privatunternehmer in die Sägewerke befördern. In Indien, wo zwischen drei und vier Millionen Menschen ihr Überleben durch den Verkauf von Brennmaterial sichern, wird der Anteil des Holzeinschlags durch Privatpersonen auf 20 Prozent geschätzt.
Bei der kommerziellen Verarbeitung von Holz zu Holzkohle herrscht die typische geschlechtliche Arbeitsteilung: meist wird Köhlerei - ein "technischer" Arbeitsprozeß - von Männern betrieben, während Frauen das Holz schlagen und die Holzkohle auf lokalen Märkten anbieten.

Auch andere einkommenschaffende Maßnahmen für Frauen basieren auf Energieverausgabung und müssen deshalb auf ihre ökologische Angepaßtheit überprüft werden. Es geht darum, einen Ausgleich zwischen den Überlebensinteressen der Frauen und einer schonenden Nutzung von Ressourcen oder zwischen kurz- und langfristigen Interessen zu finden. Dies trifft eine Vielzahl typischer Frauenprojekte, die hauswirtschaftliche Tätigkeiten von Frauen für den Markt nutzen wie die Herstellung von Snacks und Gerichten für den Verkauf, Öl- oder Karitébuttergewinnung, Bäckerei, Fischräucherei, Bierbrauen, Ziegelbrennerei und Töpferei. Der Pro-Kopf-Verbrauch an Feuerholz liegt in Afrika bei etwa einem Kubikmeter pro Jahr. Genau dieselbe Menge benötigen Tansanierinnen, um 100 große Tontöpfe zu brennen, und Westafrikanerinnen, um etwas mehr als eine Tonne Fisch zu räuchern. Das Fünffache wird gebraucht, um die Ziegelsteine für ein Zwei-Zimmer-Haus zu brennen. Wenn die Kosten für Brennmaterial steigen, sinkt die Gewinnspanne der Frauen.

---

18 Frauen sind sich ihres Raubbaus an der Natur durchaus bewußt. Das gilt für den Holzeinschlag (vgl. Wichterich, 1988, 12) wie z.B. auch für Frauen in Bangladesh, die Krabben mit Netzen in seichten Gewässern fangen und dadurch in der Laichzeit die Brut der Fische zerstören.

Die Entwicklungshilfe hat bislang versucht, das Energiedefizit als Entwicklungshemmnis vor allem durch die Errichtung von Wasser- und Kohlekraftwerken auszugleichen. Damit dient sie jedoch nicht den Bedürfnissen der armen Haushalte: sie können keinen Strom bezahlen. Deshalb haben Umwelt- und Entwicklungspolitik zwei Lösungsansätze konzipiert, die die sich weitende Kluft zwischen dem schwindenden Vorrat an Ressourcen und dem wachsenden Bedarf der Armen überbrücken sollen: Aufforstung und verbesserte Herde zur Energieersparnis. In beiden Programmen sind Frauen Hauptakteurinnen.

Wem gehört der Baum?

Beide Projekttypen sind auf zahlreiche Probleme gestoßen, deren zentrale Ursache in einer mangelnden Beteiligung der Frauen an Konzeptionierung und eigenverantwortlicher Planung liegt. Verbesserte Herde versprechen Linderung in der doppelten Energiekrise, weil sie Frauenenergie und Brennmaterial zu sparen versprechen. Trotzdem haben sie nicht die gewünschte Verbreitung und Akzeptanz gefunden, weil die Herdkonstruktion den Kochbedürfnissen der Frauen oder ihren Utensilien nicht angemessen war oder ein offenes Feuer wegen zusätzlicher Funktionen im Haushalt, z.B. Insektenschutz, bevorzugt wurde. Diese Interessenkollision ist prototypisch für eine expertengeleitete Entwicklungsplanung.

Eine Biogasanlage als Energiequelle zum Kochen ist für arme Haushalte, die nur wenig Vieh besitzen, nicht bestückbar und zudem in der Anschaffung zu kostspielig.

Aufforstungsprojekte sind ebenfalls häufig am Bedarf der lokalen Bevölkerung vorbeikonzipiert worden. Die meisten haben sich dem ökonomischen Imperativ kommerzieller Verwertung untergeordnet und statt Mischwald Monokulturen, etwa von Eukalyptus zur Belieferung der Papier- und Holzindustrie, gepflanzt.

Farmforstwirtschaft, Aufforstung auf privatem Land, steht als Option nur Haushalten mit größerem Landbesitz offen, denn Landarmen fehlt es in der Regel an Boden, Wasser und Arbeitskraft für eine Anpflanzung. Projekte Sozialer Forstwirtschaft, Anpflanzungen auf Gemeindeland unter Einsatz von Arbeitskräften aus den Dörfern sind häufig auf Gleichgültigkeit, wenn nicht gar auf passiven Widerstand oder offene Sabotage gestoßen, weil die Einheimischen alte Nutzungsrechte an dem Gemeindeland verloren und die Neupflanzung ihren Bedürfnissen nicht angepaßt war.. Partizipation der lokalen Bevölkerung und eine Abstimmung auf ihre Bedürfnisse ist aber unabdingbare Voraussetzung für einen nachhaltigen Aufforstungserfolg.

Diese Bedürfnisse unterscheiden sich nicht nur in verschiedenen sozialen Klassen, sondern infolge der geschlechtlichen Arbeitsteilung auch zwischen Männern und Frauen innerhalb der Haushalte. Auf eine Kurzformel gebracht: Männer sind bei Anpflanzungen eher an schnellen, monitären Erträgen interessiert. Für Frauen hat eine langfristige Selbstversorgung vor allem mit Feuerholz und Futter Priorität; sie bevorzugen Mischpflanzungen, die multifunktional sind. Der Geschlechterkonflikt in der Chipko-Bewegung im indischen Himalaya, wo Männer für Obstbäume und Frauen für Feuerholz- und Futterbäume plädierten, ist ein klassisches Beispiel.

In vielen Aufforstungsprojekten pflanzen Frauen als Billigstarbeitskräfte Setzlinge, haben jedoch nach getaner Arbeit keine Kontrolle über das Land und die Bäume. Monimart hat bei den von ihr im Sahel untersuchten Antidesertifikationsprojekten festgestellt, daß Frauen nur in sechs Prozent der Fälle individuelle Landrechte bekamen. Oft profitieren Frauen letztendlich nicht von dem neuen Baumbestand, weil er kommerziellen Interessen dient, sei es daß in Indien die Weltbank den Cashew-Nuß-Anbau für den Export fördert, die indische Regierung Mango-Bäume für die nationale Sperrholzproduktion benötigt oder die Männer im Dorf Obstbäume für den Verkauf der Früchte auf den lokalen Märkten wünschen. Vernachlässigung der Setzlinge ist die subversive Antwort der Frauen auf die Mißachtung ihrer Selbstversorgungsinteressen.

Im Zentrum der Interessen von Frauen steht meist der Wunsch nach gesicherter Selbstversorgung und nach *empowerment* durch Ressourcenkontrolle, also eine Kombination von praktischen und strategischen Bedürfnissen. Wo sie eine Anpflanzung von der Wahl der Spezies bis zu Entscheidung über Verwendung und Aufteilung der Erträge unter eigener Regie durchführen können, sind die Erfolgsquoten von Aufforstungsprojekten hoch.

Trotzdem kann nicht automatisch und allerorts eine Aufforstungsmotivation bei Frauen unterstellt werden. Leach hat bei den Mende in Sierra Leone beobachtet, daß junge Frauen kein Interesse an Baumpflanzungen auf dem Land ihrer Männer bzw. der Gattenfamilie haben, weil sie die Ehe nicht als dauerhaft und unauflöslich betrachten. Außerdem bedeutet jede Anpflanzung, auch eine "selbstbestimmte", eine zusätzliche Belastung für die bereits überlasteten Frauen. Aus diesem Grund hat die Greenbelt Movement in Kenia es zu einem Prinzip gemacht, ihren Mitgliedsfrauen - von Wangari Maathai, der Leiterin der Organisation, treffend "Barfußförsterinnen" genannt - pro angegangenem Setzling einen minimalen Lohn zu zahlen. Sie machte jedoch die bittere Erfahrung, daß einige Frauengruppen, bei denen die Organisation nicht ausreichend Bildungs- und Betreuungsarbeit geleistet hatte, diese betrogen. Deshalb entwickelte sie ein kompliziertes Kontrollsystem, das garantieren soll, daß die Frauen die Setzlinge wirklich versorgen und nicht nur abkassieren.

Integration von Frauen in Umweltschutzprogramme, die Regierungen oder ausländische Geber durchführen, vergrößert die Arbeitsbelastung der Frauen ohne angemessene Entlohnung. Wo Frauen in *food for work*-Programmen Nahrungsmittel oder aber ein kleines Entgelt erhalten, verdient dies kaum die Bezeichnung "einkommenschaffende Maßnahme", weil es sich nur um ein äußerst mageres Zubrot handelt, nicht um eine auch nur annähernde Existenzsicherung. Monokulturelle Aufforstungsprojekte befriedigen nicht einmal die praktischen Bedürfnisse von Frauen, geschweige denn strategische Bedürfnisse wie Eigentumsrechte. Wo aber Frauen weder an der Programmplanung beteiligt werden noch Verfügungsrechte über Ressourcen bekommen, findet kein *empowerment*, keine nachhaltige materielle und soziale Machtbildung für Frauen statt. Die Pflichten-Rechte-Bilanz der Frauen ist völlig unausgeglichen.

Mehr Arbeit, aber nicht mehr Macht

Hier werden Frauen von der Umweltpolitik lediglich als Managerinnen an der Basis zur Effizienzsteigerung eingesetzt, als energie- und forstwirtschaftliche Sisyphosarbeiterinnen, um die vor allem durch kommerzielle Plünderung verursachte Zerstörung partiell zu kompensieren. Es ist paradigmatisch, daß es in einigen Ländern dieselbe Entwicklungs- und Energiepolitik ist, die große Waldgebiete durch Stauseen für hydroelektrische Großprojekte im Dienste von Industrie oder hochmechanisierter Landwirtschaft vernichtet, die lokale Bevölkerung in semi-aride Gebiete umsiedelt und die Frauen dort in Aufforstungsprojekten Bäumchen pflanzen läßt.
Es ist die typische umweltpolitische Doppelmoral, auf der politischen Makro-Ebene Entscheidungen in Männergremien zu fällen und Strategien zu entwerfen, ohne der besonderen Betroffenheit von Frauen als Opfer von Umweltzerstörung und als aktive Umweltschützerinnen Rechnung zu tragen. Gleichzeitig wird auf der Mikro-Ebene jedoch auf Frauen als Aufräumkommando in der geschundenen und geschändeten Natur gesetzt und die Verantwortung für die kaputte Umwelt hausfrauisiert.
Daß der Energienotstand der meisten privaten Haushalte im Süden andauern wird, daran ändern weder Herd- noch Aufforstungsprogramme im derzeitigen Umfang etwas. Sie sind umweltpolitische Neben- und Ersatzschauplätze. Ändern könnte dies eine politische und wissenschaftliche Prioritätenverschiebung z.B. zugunsten von Sonnenenergie, vor allem zur Entwicklung einer preiswerten, lokal verfügbaren Technologie. Doch für energiepolitische Entscheidungen geben industrielle und militärische Interessen und vielleicht noch der Bedarf politisch wichtiger städtischer Mittelklassen den Ausschlag, nicht aber die Bedürfnisse breiter verarmter Volksgruppen.

Einbindung weiblicher Arbeitskräfte in das Notstandsmanagement und die optimale Verwaltung von Umweltschäden bringt Frauen keinen Fortschritt und ist auch kein Beitrag zu einer dauerhaften Entwicklung, die existenzsichernd für Arme wirkt. Monokulturelle Anpflanzungen statt multifunktionaler Mischkulturen und Agroforstwirtschaft ermöglichen keine vielseitige Bedürfnisbefriedigung, sondern decken nur das Interesse an einem Geldeinkommen. In der Regel fällt für die bäumchenpflanzenden Frauen jedoch langfristig, d.h. von der kommerziellen Nutzung des neuen Baumbestands, nichts ab. Sie profitieren nicht dauerhaft, dafür aber der Staat oder der private Landbesitzer, der das Holz vermarktet. Es geht hier also - und das zeigt exemplarisch die Dehnbarkeit des Begriffs *sustainability* - mehr um eine dauerhafte Ressourcenbelieferung des Marktes als um eine dauerhafte Versorgung der Armen. Sowohl Frauen- als auch ökologische Interessen werden der ökonomischen Logik des Bruttosozialprodukts untergeordnet.

Da die meisten Projekte den physisch und psychisch bereits völlig überlasteten Frauen Mehrarbeit bescheren, müßten sie zumindest langfristig eine Chance der Arbeitsreduktion anvisieren, z.B. wenn Frauen durch eine Neuanpflanzung in ein paar Jahren Feuerholz und Futter in der Nähe ihres Wohnplatzes sammeln könnten. Grundsätzlich bedeuten Umweltschäden und Ressourcenverknappung jedoch ein Mehr an gesellschaftlicher Arbeit, das allein durch Projekte und technische Lösungen wie energiesparende Herde nicht dauerhaft reduzierbar ist. Vielmehr sind dafür soziale Lösungen wie eine Neuverteilung geschlechtsspezifischer Zuständigkeitsbereiche unumgänglich. Solange in bezug auf solche sozialen Lösungen eine kulturelle Tabuisierung und Vermeidungsstrategie betrieben wird, ist die Gefahr groß, daß Projekte bei der Verteilung der Drecksarbeit Männer nachhaltig vernachlässigen und dadurch - wenn auch nicht intentional - die Geschlechterasymmetrie bei der Verteilung von Verantwortung festschreiben. Hier findet sich in entwicklungspolitischen Kreisen genau die Haltung des "let the women do it" wieder, die auch die Projektkonzeption im Selbsthilfe-Bereich kennzeichnet.

Eine ökofeministische Position, die Frauen aufgrund ihrer Naturnähe und ihres Wissens für privilegierte Umweltschützerinnen hält, läuft Gefahr - ungewollt - zum selben Resultat zu führen.
Der Einsatz weiblicher Arbeitskräfte muß mit einem Konzept von *empowerment* für Frauen einhergehen. Das sollte ihre Handlungsspielräume schrittweise erweitern und ihre Basisinitiativen stärken, damit sie ihre Interessen in politische Entscheidung und Planung auf allen Ebenen, ihr Wissen und Können in eine wissenschaftliche und technologische Bewältigung der Krisen einbringen und Verfügungsrechte über Ressourcen gewinnen können. Kontrolle und selbstbestimmte Nutzung von Ressourcen müssen nicht individualisiert sein, sondern können kollektiv ausgeübt werden.
Dabei dürfen die Schwierigkeiten kollektiver und individueller Machtbildung von Frauen nicht unterschätzt werden. Da *empowerment* immer ein Prozeß gesellschaftlicher Neuverteilung von Macht ist, d.h. soziale Transformation bedeutet, sind Fortschritte für Frauen innerhalb patriarchaler Strukturen nicht leicht zu erzielen, sondern müssen meist erkämpft werden. Sarin berichtet, daß eine Anpflanzung durch Frauen in Gujarat, Nordindien, immer wieder von Männern aus den eigenen Dörfern oder aus Nachbardörfern zerstört werden. In Sierra Leone hat Leach beobachtet, daß Männer die von den Frauen genutzten Bäume fällen, wenn sie ihre Kaffeesträucher und Kakaobäume behindern. Hobley resümiert aus Projekterfahrungen in Nepal, daß es äußerst schwierig ist, Frauen "von außen", d.h. durch Intervention von ProjektmitarbeiterInnen, zu Entscheidungsrechten zu verhelfen. Die Männer stimmten zwar der Teilnahme von Frauen an dörflichen Wald-Komitees zu, doch die Frauen wagten aufgrund der bestehenden Geschlechterhierarchie keine Artikulation ihrer Interessen, die denen der Männer entgegenliefen.
Die genannten Beispiele zeigen auch, daß vor Ort aus den bestehenden Machtverhältnissen, Nutzungs- und Eigentumsrechten und der Arbeitsteilung zwischen den Geschlechtern jeweils angepaßte Ansätze entwickelt werden müssen und zu entscheiden ist, ob "reine" Frauenprojekte sinnvoll sind. Ein Konzept des *empowerment* muß zwangsläu-

fig scheitern, wenn es das konkrete Geschlechterverhältnis außer acht läßt. Leach warnt zurecht, ein homogenes Interesse bei Frauen verschiedener sozialer Klassen und Altersgruppen zu unterstellen und Interessenallianzen zwischen Frauen und Männern auszuschließen. In jüngster Zeit plädieren Expertinnen aufgrund konkreter Projekterfahrungen zunehmend dafür, von der lokalen Ressourcennutzung auszugehen, statt von geschlechtsstereotypen Interessen- und Koalitionszuschreibungen.

Gerade in Kulturen mit einer extremen Geschlechterpolarität in der Arbeitsteilung kann Machtbildung von Frauen nur ein langsamer und multidimensionaler Prozeß sein. Es gibt nicht den einen Hebel, der die Geschlechterhierarchie aufbricht. Genausowenig wie es universell gültige Rezepte für erfolgreichen Ressourcenschutz gibt, der Frauen nützt. Ein Schlüssel zur Machtbildung ist jedoch das *self empowerment* von Frauen, ihre Organisierung, durch die sie ein Bewußtsein ihrer Stärke entfalten und im Kollektiv Machtansprüche und Forderungen nach einer Neuverteilung von Arbeitsbelastungen geltend machen können.

Wo sich im Süden bereits Frauenbewegungen entwickelt haben, teilen sie das Ziel vieler Umwelt- und anderer sozialer Bewegungen, in den Gesellschaften Strukturen politischer Entscheidung, der Wissenschaft und Technologie sowie der Verfügungsrechte herauszubilden, die sich von unten nach oben aufbauen, statt von oben nach unten zu wirken. Es geht darum, Wirtschaft, Politik und Wissenschaft vom Kopf auf die Füße zu stellen, wieder zu erden, d.h. aus den Basisbedürfnissen der Menschen und der Begrenztheit der Ressourcen abzuleiten.

Zur Kernfrage ist dabei die von Basisdemokratie in ihrer Bedeutung für Ökologie und Entwicklung geworden. Wege dazu sind eine Dezentralisierung von Entwicklungsplanung und eine Stärkung lokaler Souveränität bei der Ressourcenkontrolle gegenüber national-staatlicher Souveränität. Für alle Formen demokratischer Basisstrukturen ist der Umgang mit sozialer Ungleichheit und der Geschlechterhierarchie eine Feuerprobe. Eine Demokratisierung des Geschlechterverhältnisses ist dabei das Lackmuspapier jeder Basisdemokratie.

IV.
Ökologie- und Frauenfragen

Der Zusammenhang von Ökologie- und Frauenfrage geriet Mitte der achtziger Jahre ins Bewußtsein der bundesdeutschen Frauenbewegung. Wurzel und Auslöser waren die Frauen-Friedensbewegung, der Widerstand gegen die Verbreitung von Gen- und Reproduktionstechnik, "Hexen"- und Spiritgruppen, die Katastrophe von Tschernobyl sowie auf theoretischer Ebene die ökofeministischen Arbeiten des "Bielefelder Ansatzes" von Veronika Bennholdt-Thomsen, Maria Mies und Claudia von Werlhof und die Debatten der Weltfrauenkonferenz 1985 in Nairobi.

Der "anthropologische Schock" (Beck) des GAUs von Tschernobyl löste einen Quantensprung der Sensibilisierung aus. Er entlarvte wie kein Ereignis zuvor den "Machbarkeitswahn" patriarchaler Wissenschaft und Technologie in seiner planetarischen Bedrohlichkeit. Frauen erlebten sich, zuständig für die Familienfürsorge, in die Rolle von Lebenshüterinnen zur Milderung der atomaren Vernichtungsgewalt gezwungen. Diese existentielle Erfahrung von Lebensbedrohung und ihrer Abwehr warf die Frage nach der inneren Verknüpftheit von Natur- und Frauenfeindlichkeit patriarchaler Macht in Politik, Ökonomie und Wissenschaft neu auf.

Zwar hatten Frauen bereits seit Jahren die Umwelt- und Gesundheitsfeindlichkeit des westlichen Entwicklungsmodells und des Industriekapitalismus vor und hinter der eigenen Haustür erlebt, durch industrielle Umweltschädigung und -zerstörung, durch verkehrsbedingte Luftverschmutzung, durch die zunehmende Chemisierung von Nahrungsmitteln und Textilien, durch umwelt- und schadstoffbedingte Krankheiten, vor allem von neurodermitis-, allergie- und asthmakranken Kindern. Doch das längst gewußte Vernichtungspotential wurde durch Tschernobyl erstmals in seiner Totalität erfahrbar und diktierte das Alltagshandeln so umfassend wie nie zuvor.

Hatte die Entwicklung damit Frauen- und ökologische Interessen in eins gesetzt? Auf dem von den Grünen 1986 veranstalteten Kongreß "Frauen & Ökologie" entbrannte eine heftige Diskussion über die Kongruenz oder Widersprüchlichkeit von feministischen und ökologischen Forderungen. Sie spitzte sich auf die Frage des Primats von Öko- oder Emanzipationslogik zu oder - um es in Stereotypen von Weiblichkeit zu fassen - im Konflikt zwischen Mütterlichkeit und Karrieristinnentum. Nach dem Kongreß lebte die Debatte im Streit um das 1987 veröffentlichte "Müttermanifest" noch eine Zeitlang weiter. Es sieht Familienarbeit als sinnhafte Alternative zu Erwerbsarbeit und setzt die Bewahrung von "Mütterlichkeit" und Natur gleich. "Ein weiterer Raubbau an der gesellschaftlichen Mütterlichkeit hat ebenso bedrohliche Konsequenzen wie der Raubbau an den natürlichen Grundlagen." Danach verschwand die Frauen-und-Ökologie-Debatte in der Versenkung, aus der sie auch im UNCED-Prozeß nur sehr punktuell wieder auftauchte. Ökologie ist kein Thema in der deutschen Frauenbewegung.

Inzwischen ist die allgemeine Sensibilisierung für drohende ökologische Katastrophen weiter gewachsen. Der UNCED-Prozeß hat die Wahrnehmung sowohl umweltzerstörerischer Auswüchse moderner Entwicklung und Industrialisierung als auch das Bewußtsein für die globale Gefährdung geschärft. Darüber hinaus hat er, und dies kann der Süden als Erfolg auf sein Konto verbuchen, einen moralischen Druck auf den Norden erzeugt, seinen Lebensstil auf den Prüfstand zu bringen, denn die Ressourcenvergeudung des Nordens wurde als Hauptursache der globalen Umweltschädigung identifiziert.

Betroffen umweltbewußt

Beim Blick in die Lande, wie sich das gewachsene ökologische Bewußtsein bei uns politisch organisiert hat, stellt man fest, daß es sich in den vergangenen Jahren nach dem Ausklingen der Anti-AKW-Bewegung und nach verlorenen Kämpfen wie dem gegen die Startbahn West in Frankfurt und gegen das Atommüllager in Gorleben nicht mehr

öffentlichkeitswirksam in großen sozialen Kampagnen äußerte, sondern in stadtteilbezogenen, lokalen und regionalen Umweltinitiativen. Dagegen suchen ökologisch engagierte Frauen seltener ihren Ort in der feministischen Bewegung. Dies könnte seinen Grund darin haben, daß Feministinnen mehrheitlich ihre Akzente auf Emanzipationsstrategien und den Geschlechterkampf setzen und derzeit die Verknüpfung von Frauen- und Naturunterdrückung nur nachgeordnet thematisieren.
Fietkau/Kessel stellten bereits 1983 für Umwelt-Bürgerinitiativen fest, daß zwei Drittel der Aktiven Frauen sind. Sie engagieren sich politisch da, wo sie unmittelbar betroffen sind, vor allem betroffen in ihrer Zuständigkeit für das Wohlergehen von Kindern.
Frauen nehmen Umweltgefahren anders wahr als Männer und reagieren entsprechend anders. Irmgard Schulz hat in ihren Studien nach Tschernobyl und zur Müllproblematik festgestellt, daß primär das Gefühl der Verantwortung für die Gesundheit der Familie die Umweltperspektive von Frauen prägt: sie erlebten Tschernobyl als Angriff des "zivilisatorischen Fortschritts" auf den eigenen Körper und den ihrer Kinder, während die Männer die Gefahr verdrängten und über Grenzwerte stritten. Frauen wollen mögliche Gesundheitsschäden durch Müllvermeidung ausschließen, während Männer sich für die technische Bewältigung von Umweltgefahren interessieren und sich z.B. über die Entsorgung von Giftstoffen in Lacken beraten lassen. Diese unterschiedliche Optik, ein Resultat der geschlechtlichen Arbeitsteilung, bestimmt das politische Handeln. Während Frauen die Mehrheit in lokalen Initiativen stellen, sind es überwiegend Männer, die auf kommunaler und Länderebene Umweltpolitik machen und Umweltverbände leiten.
Die besondere Wahrnehmung ökologischer Bedrohung und ihre Reaktion darauf prädestinieren Frauen für die Umweltpolitik als Adressatinnen für kompensatorische Strategien an der Basis. Der Umweltpolitik und Industrie ist es nämlich in den vergangenen Jahren gelungen, die Notwendigkeit der Veränderung in systemimmanente Minimalschritte zu übersetzen. Nachgeschaltete Umwelttechniken zur Kompensation von Schäden werden als Ersatz für einen strukturellen Umbau propa-

giert. Auf diese Weise wird das ökologische Bewußtsein der meisten BürgerInnen aufgefangen und in wenige Forderungen, wie FCKW-, Asbest- und Phosphatfreiheit von Produkten, und wenige Aktionen, wie das Duale System oder das "bessere Müllkonzept", kanalisiert.

Entsorgung der Verantwortung

Frauen erscheinen als Schlüsselgestalten für die gesamte Ebene der privaten Haushalte. Appelle und Konzepte für ein umweltverträgliches Hauswirtschaften nehmen die Hausfrau in die Öko-Pflicht. Zur Verantwortung für die Familie kommt nun die für die Natur: Energie sparen, recyceln, Müll vermeiden, Abfall sortieren. Zum Zeit- und Gelddruck kommt der Entscheidungsdruck für umweltverträgliche Spül- und Waschmittel, biologisch angebaute Gemüse, hautverträgliche Kleidungsstoffe. Zur Familien-/Beziehungs-, Haus-, Konsum- und eventuell Erwerbsarbeit kommt die Umweltarbeit.

Für die Hausfrau wird die zugewiesene ökologische Verantwortung zur Mehrbelastung, ja zum Ökostreß. Aufschlußreich ist eine Umfrage der Frauen-Zeitschrift "Prima" im Frühjahr 1992: danach beklagten 99 Prozent von 5000 beteiligten Frauen die mangelnde Handlungsbereitschaft der Umweltpolitik und 90 Prozent ein Abschieben der Verantwortung auf die VerbraucherInnen. Drei Viertel der Frauen fühlten sich durch Begriffe wie "öko" und "bio" verunsichert.

Die Stellungnahmen der Frauen reflektieren die umweltpolitische Tendenz, ökologische Lasten bzw. die Reparaturarbeit auf Frauen abzuwälzen und signalisieren deren Verunsicherung und Überforderung. Diese Desorientierung ist nur zu verständlich. Denn Industrie und Handel besorgen den Frauen inzwischen beides: das schlechte Gewissen über ihren Beitrag zur Umweltzerstörung und das marktgerechte Angebot zur Beruhigung des schlechten Gewissens nach dem Motto: der alte Herd, die alte Waschmaschine, der alte Kühlschrank sind Megawattfresser, FCKWschleudern usw. - sie gehören verschrottet, denn die neuen sind energiesparend, schadstoffärmer. Umweltprobleme sollen qua Konsum gelöst werden.

Die Forderung nach "grünerem" Wirtschaften ist längst marktintern aufgenommen und gewinnbringend genutzt, ja gesteuert. Das gilt keineswegs nur für die Umwelttechnologie in der Industrie. Öko- und Bioprodukte, vermeintliche und wirkliche, gehören zu den Wachstumsbranchen unserer Wirtschaft.
Ein weiteres Beispiel für die mehr markt- als umweltgerechte Lösungsstrategie ist das Problem Abfall. Das Duale System setzt nicht bei der Produktion von überflüssigem Abfall an, der überwiegend der Produktkonkurrenz und Warenästhetik dient. Sie hakt beim Endverbraucher, und das ist in der Regel die Hausfrau, ein, die den Abfall in diverse Container sortieren soll, von wo er - auf Kosten derselben VerbraucherInnen - recycelt wird. Spätestens hier stellt sich die grundsätzliche Frage: Wie weit sollen Frauen sich systemimmanente Aufräum- und Reinemachfunktionen zuschreiben lassen?[19] Wie weit akzeptieren sie - bei aller Bereitschaft zu Verantwortung - die Privatisierung und Individualisierung gesellschaftlicher Probleme?

Mütter des Umweltschutzes - weltweit

Vergleicht man die Fallbeispiele zur umweltpolitischen Frauenrolle im Süden und Norden, so läßt sich übereinstimmend eine Tendenz der Feminisierung der Fürsorge- und Reparaturarbeit an der Natur - wie auch an den Menschen - feststellen. Ob sie nun Bäumchen pflanzen, Erosionsgräben anlegen, Energie sparen, Müll entsorgen oder Umweltkranke pflegen - Frauen wird die Verantwortung für das Abfedern von Umweltzerstörung und Ressourcenverknappung übergeben: Sie betreiben die Vor- und Nachsorge von Umweltschäden, sind Stoßdämpfer der ökologischen Krise, so wie sie im Süden längst auch eine Pufferfunktion für die ökonomische Krise ausüben. Als Manövriermasse zur

19 Als der deutsch-französische Müllskandal das Duale System vom Sockel seiner Glaubwürdigkeit stürzte, fühlten sich die Müllsortiererinnen der Nation geprellt: warum sollten sie weiter den Abfall in verschiedene Tonnen handverlesen, wenn er anschließend doch auf einen Haufen gekippt und nicht recycelt wird?

Verwaltung der diversen Krisen sind sie die Trümmerfrauen in der kaputten Umwelt und Entwicklung.
Die geschlechtsspezifische Arbeitsteilung beim Umweltschutz in Nord und Süd verläuft entlang derselben weltumspannenden Linien: Während Männer die umweltpolitischen Entscheidungen in Verbänden, Parteien und Regierungen treffen und mit high tech zum Ressourcenschutz und -management anrücken, bleibt den Frauen die pflegerische Klein- und Drecksarbeit an der Gesundheit der Menschen und der Natur.
Man kann deshalb von einem impliziten "Mütterlichkeitskonzept" der Umweltpolitik reden, das auf die weibliche Fürsorglichkeit gegenüber allem Lebendigen setzt. Die ökologische Krise und die Umweltpolitik binden die Frauen genau da ein, wo sie patriarchale Zuschreibungen schon immer verortet haben: angeknüpft wird an "hausfraulichen" Tugenden wie Sauberkeit, Aufräumen, Sparsamkeit, Resteverwertung. Heilen, Pflegen und Sorgen haben umso mehr Konjunktur, je weniger Mittel der Staat hat, Notstände sozial- und umweltpolitisch aufzufangen.
Umweltpolitik und Markt funktionalisieren Mütterlichkeit und Hausfrauentugenden für ihre Interessen, richten ihr Handeln jedoch nicht an den Interessen von Frauen aus. So geht die Nutzung des "weiblichen" Sozialcharakters mit seiner Zuständigkeit für das überlebenssichernde Haushalten nicht mit einer angemessenen Honorierung einher: weder in barer Münze, noch in den Wirtschaftsstatistiken, noch in der kulturellen Wertschätzung von Frauen und ihrer Arbeit. Wie alle Subsistenzarbeit bleibt die unbezahlte Sorgearbeit für die Umwelt und die umweltgeschädigte Gesundheit der BürgerInnen auf der Unterseite des gesellschaftlichen Produktions- und Wertschätzungsprozesses und gilt nicht als produktive Arbeit. Genau hier zeigt sich die Verlogenheit, die Doppelmoral der Umweltpolitik in ihrem Bezug auf Frauen.
Diese Übertragung von Verantwortung an Frauen, Leben - menschliches und nicht-menschliches - zu bewahren, ist eine Zumutung, der Frauen nicht gerecht werden können. Mit einer "Förderung" von Frauen hat sie nichts zu tun, sie fordert, sie überfordert sie. Denn die Flickar-

beit an der Umwelt ist ein Windmühlenkampf, solange der Wind weiterhin aus der Ecke der Wachstumswirtschaft bläst, solange das Verursacherprinzip nicht verfolgt und eine radikale Wende des Entwickelns und Wirtschaftens nicht eingeläutet werden.

Emanzipation und Konsum

Die Konsumverzicht-Debatte der letzten Jahre hat Frauen eine besondere Bedeutung und Macht beim Aushebeln der naturausbeuterischen Wirtschaft zugewiesen: die der Kaufverweigerung[20]. Auch die durch den UNCED-Prozeß angekurbelte Lebensstil-Debatte hat verdeutlicht, daß "grüne Produktion" und "grüner Konsum" im Sinne einer ökologischen Nachbesserung die Spirale des Ökozids nicht werden aufhalten können. Wenn die Natur sich regenerieren soll, geht's nicht ohne Abspecken.
Das seit Jahren gewachsene Ökobewußtsein hat jedoch keineswegs geradlinig zur Ausstiegsbereitschaft vieler Frauen geführt. Ein Grund sind die immer flexibleren Auffangmechanismen des Marktes. Aber nur einer. Denn wo Frauen markt- und industriellvermittelten "grünen Konsum" in Frage stellen und auf Wegwerfwindeln, Wäschetrockner und Tiefkühlkost verzichten, nehmen sie zwangsläufig eine Portion Mehrarbeit in Kauf. Damit geraten ökologische Ziele in Konflikt mit emanzipatorischen. Freisetzung der Frauen von Hausarbeit war (zumindest bis zur Formulierung des Müttermanifestes) eine Kernforderung in Emanzipationskonzepten. Gewiß: Emanzipation durch Wegwerfprodukte und Technik ist eine Illusion, und die Mikrowelle ist kein Ersatz für eine Veränderung der geschlechtlichen Arbeitsteilung im

---

20 vgl. oben II.1., Saibold, in: Die Grünen im Bundestag, 1987, 165-17o. Die Debatte über Konsumterror, Bedürfnismanipulation und Lebensstil datiert in die sechziger Jahre zurück.

Haushalt. Arbeitserleichterung - und damit die Hoffnung auf selbstbestimmte Freiräume - bringen sie trotzdem.[21]

Das Maß der Erleichterung durch technische und chemische Hilfsmittel wird allerdings häufig überschätzt, spielt doch die Werbung schon lange mit dem schönen Schein, daß Meister Proper die Arbeit macht und nicht mehr die Hausarbeiterin. Zum werbegeschürten Traum von der Arbeitsentlastung durch den starken Mann oder die starke Maschine hat sich jedoch längst auch ein symbolischer Wert von Haushaltsgütern gesellt. Eine bestimmte technische Ausstattung des Haushalts gehört wie die Versatzstücke modernen Mobiliars, eine Grundausstattung an Unterhaltungselektronik, modische Kleidung, ein eigener PKW, eine konsumorientierte Freizeitgestaltung und eine luxuriöse, weitgehend auf importierten Lebensmitteln beruhende Ernährungsweise zur Idee von "gutem Leben". Die symbolische Wertigkeit dieses konsumzentierten Lebensstils hat eine eigene Dynamik von Begehrlichkeiten, Sehnsüchten und Lüsten in Gang gebracht, die in den früheren Ländern des real-existierenden Sozialismus und in den Ländern des Südens eine gewaltige Sprengkraft freisetzte.

Der Verzicht auf diese Konsumgüter bedeutet somit nicht nur einen Abstrich an Bequemlichkeit und mehr Arbeit, sondern den Abschied von einem bei uns seit dem "Wirtschaftswunder" zur heiligen Kuh hochgepäppelten Kulturmuster: Befriedigung und Lösung persönlicher Probleme durch Konsum. Kauf und Besitz von Konsumgütern sind selbst zu Bedürfnissen geworden, sie stiften kulturelle Identität. Gleichzeitig war diese Kulturdoktrin auch ein wesentliches Instrument zur Erzeugung politischer Loyalität, verspricht doch der Konsum Teilhabe an Wohlstand und Wachstum.

---

21 Insgesamt hat die Technisierung des Haushalts den Frauen zwar eine Erleichterung an körperlicher Arbeit, aber keine wesentliche Zeitersparnis gebracht, weil die Haushaltsarbeit völlig neu organisiert wurde (Kinder helfen z.B. weniger mit) und neue Arbeitsbereiche hinzukamen: mehr Einkaufs- und Konsumarbeit, Transportarbeit und mehr Beziehungsarbeit.

Dieses Wohlstandsmodell hat mit feministischen Emanzipationskonzepten einige Grundideen gemeinsam: den Individualismus und die daran gekoppelte Vorstellung von individueller Freiheit, die auf Autonomie gegenüber traditionellen Sozialbindungen und gegenüber der Natur basiert. Das Verständnis von Emanzipation und Wohlstand beruhte auf der Beherrschung der Natur, schloß die Sorge für sie jedoch nicht zwangsläufig ein.[22]
Die Forderung nach Konsumabstinenz befördert Frauen in einen Konflikt zwischen ihren Interessen an Emanzipation, Wohlstand, Bequemlichkeit und Beheimatung in der Konsumgesellschaft und ihren Interessen an einer ökologisch gesunderen Gegenwart und Zukunft.

Der gleiche Konflikt bricht für Frauen im Süden noch zugespitzter auf, wo ihr Interesse an Einkommenserwerb, ja noch fundamentaler an Existenzsicherung, ihrem Interesse und der Notwendigkeit der Ressourcenschonung zuwiderläuft. Hier steht im Extremfall der Anspruch auf menschliches Überleben dem Anspruch nicht-menschlichen Lebens, d.h. der Natur gegenüber. Hat die Natur ein Eigenrecht, wie Vertreter der Gaia-Philosophie behaupten? Was hat Vorrecht: eine soziale Ethik oder eine Öko-Ethik? Oder wie lassen sich beide vermitteln?

Arme Frauen bei uns, deren Zahl ständig wächst, sind von dem marktvermittelten "grünen" Konsum wegen der höheren Preise von Öko- und Bioprodukten von vornherein ausgeschlossen, obwohl sie gleichzeitig zynischerweise mit ihrem unfreiwilligen Verzicht auf überflüssigen Konsum zur Avantgarde eines asketischen Lebensstils werden.
So wie diese, wirft die Lebensstil-Debatte viele noch nicht zu Ende gedachte Fragen auf. Der Ruf nach einem neuen Lebensstil bezieht sich derzeit auf die privaten KonsumentInnen als Adressatenschaft, die

---

22 Dies könnte, wie bereits oben angesprochen, auch ein Grund dafür sein, daß viele ökologisch engagierte Frauen in Umweltverbänden und der Umweltbewegung aktiv sind, nicht aber in der Frauenbewegung.

feministische Konsumverzichtsforderung spitzt sie gar auf Frauen zu. Offen ist, wie groß die Macht von Frauen im Konsumbereich ist. Zwar kaufen sie viel, aber oft das, was ihr Männer wollen und häufig mit dem Geld, das ihre Männer verdienen.
In der gesamten Lebensstil-Debatte entschwindet die Produktionsebene an Außenränder; damit werden die Profitinteressen der Wirtschaft zu scheinbar unbedeutenden Systembedingungen des Konsums degradiert. So erscheint der private Lebensstil als Motor der gesamten Entwicklungsdynamik, nicht das Wachstumsinteresse des Kapitals. Die Frage einer neuen Ethik scheint entsprechend eine Willensentscheidung ökologisch aufgeklärter Einzelner - in der feministischen Diskussion: Frauen - zu sein, die bereit sind, der Wohlstandsvöllerei abzuschwören.[23]

Doch nicht nur die KonsumentInnen sind von der Notwendigkeit einer neuen Bescheidenheit zu überzeugen, sondern ebenso die Privatunternehmen und der Staat. Sie haben einen größeren Anteil am gesamtgesellschaftlichen Ressourcenverbrauch als die privaten KonsumentInnen.[24] Lassen sie sich durch eine Lebensstildebatte umstimmen? Wird der Staat ordnungspolitisch qua Gesetz und Steuern in die Marktwirtschaft eingreifen, wo doch alle Zeichen der Zeit auf Deregulierung stehen? Wie soll er sich in freiwilliger Selbstbeschränkung plötzlich auf Genügsamkeit besinnen und seine Militärs nach Hause schicken?

---

23 Die Individualisierungstendenz ist als eine Reaktion auf die jahrzehntelang in den Sozialwissenschaften dominierende Beschäftigung mit Produktionsverhältnissen und "produktiver" Arbeit bei gleichzeitiger Ausklammerung der Natur zu verstehen.

24 Die "öffentliche Hand" ist schließlich das bedeutendste Wirtschaftssubjekt in unserem Land. 1987 lag der private Verbrauch an Waren und Diensten in der BRD bei 1,1 Billionen DM, der Staatsverbrauch bei 0,4 Billionen DM - mehr als ein Viertel des Gesamtverbrauchs. Nur 11,2 % des gesamten Abfallaufkommens waren 1987 Hausmüll, 43 % waren Produktionsabfälle (vgl. Bleischwitz/Schütz, 1992, 22). Die Bundeswehr verantwortet z.B. 40 Prozent der Emissionen des Treibhausgases Halon.

Außerdem wird die geforderte sinnvolle Reduktion von Konsum und Produktion zwangsläufig einen Abbau von Arbeitsplätzen zur Folge haben. Unklar ist, ob dieser Verlust durch einen Zuwachs an bezahlten geschützten Arbeitsplätzen durch die Ökologisierung von Produktion und Konsum ausgeglichen wird. Von einer kulturellen Aufwertung unbezahlter Arbeit kann jedenfalls niemand existieren, solange das Überleben gesellschaftlich über Markt und Geld vermittelt ist. Ebensowenig ist ausdiskutiert, was der Konsumboykott von Produkten aus dem Süden für das Überleben der dortigen Produzentinnen bedeutet.[25]

Wieder einmal Trümmerfrauen?

Trotz der bisherigen Beschränktheit der Lebensstil-Debatte führt kein Weg daran vorbei, sie weiterzuführen, neue Leitbilder von einem "guten Leben" zu prägen und Genügsamkeit attraktiv zu machen. Denn die askese- und ausstiegsbereiten Frauen sind eine verschwindende Minderheit. Die Mehrheit lebt mit dem Paradox von ökologischem Bewußtsein und unökologischem Handeln sowie mit der kollektiven Verdrängung der Naturzerstörung.

Weder das Argument der Aufgabenüberfrachtung und Arbeitsüberlastung noch das der nur beschränkten Konsummacht von Frauen kann ihnen eine Absolution bezüglich einer individuellen Konsumwende erteilen. Beide Faktoren als Bezugspunkte einzubeziehen, ist jedoch beim Entwurf politischer Handlungskonzepte unerläßlich.

Ein Hebel, um bei Frauen die Akzeptanz für ein nachhaltigeres Konsumniveau zu vergrößern, ist eine stärkere Bewußtmachung des Widerspruchs von wachsendem Wohlstand und sinkender Lebensqualität, kurz: der Wohlstandslüge unseres Entwicklungsmodells. Denn gerade

---

25 Diese Frage wurde sehr heftig 1987 während der Adler-Kampagne diskutiert, als verschiedene bundesdeutsche Frauengruppen zu einem Kaufboykott der Firma Adler aufriefen, um die Forderungen ihrer Arbeiterinnen in Süd-Korea zu unterstützen. Auch im Frauen-Forum in Rio wurde diese Frage in der Debatte über Konsumentinnen-Produzentinnen-Vernetzung nicht weiterverfolgt.

Frauen erleben die sinkende Qualität von städtischen Lebensräumen, von Luft und Wasser, von Nahrungsmitteln in ihrem Alltag intensiv. In diesem immer eklatanteren Widerspruch liegt zumindest ein Potential, um die Mythen von Lebens- und Konsumstil aufzubrechen.

Darüber hinaus muß die Lebensstil-Debatte unter sozial differenzierenden Vorzeichen geführt werden. Soziale und geschlechtsspezifische Probleme überlagern sich mit ökologischen so, daß rein ökologische Lösungen zu kurz greifen. Das läßt sich exemplarisch am Problem des privaten Verkehrs bzw. des Pkw-Besitzes von Frauen zeigen.

Automobilität ist für viele Frauen ein Selbständigkeitsindikator. Die Automobilbranche verdankt ihre Zuwachsraten in den achtziger Jahren zu einem guten Teil Frauen. Mit dem eigenen Auto sind sie beruflich flexibler, befördern Kinder schneller zu Ballettkursen und Geburtstagsfeiern, sind unabhängiger vom Ehemann, fühlen sich nachts sicherer. Die Forderung an Mann und Frau, den privaten PKW aufzugeben, trifft somit nicht Gleiche. Sollen Frauen auf den eigenen Wagen verzichten? Sie erleben doch, daß die meisten Männer dies nicht tun und sich mit Zähnen und Klauen gegen ein Tempolimit wehren; daß öffentliche Verkehrsmittel keineswegs frauenfreundlich ausgestattet sind (So hat die Bundesbahn mit der Einführung des ICE auf den sonst fliegenden Geschäftsmann gesetzt, denkt jedoch nicht über Kinderbetreuung oder kindergerechtere Abteile nach); daß der Verzicht auf's Auto Frauen stärker männlicher Anmache aussetzt.

Oft sind Frauen ungewollt Vorhut des Umweltschutzes, weil sie kein Geld fürs eigene Auto haben, weil die Umweltpolitik oder auch Beschäftigungsprogramme ihnen die Aufräumarbeiten wie das Müllsortieren oder Bäumchenpflanzen zuteilen, weil sie im Rahmen der geschlechtshierarchischen Arbeitsteilung die unbezahlte Subsistenzarbeit zugewiesen bekommen.

Ökofeministische Konzepte einer "weiblichen Naturverbundenheit" oder Avantgardefunktion zur Rettung der Erde wie auch der Ansatz des "Müttermanifestes" kommen dieser zugewiesenen Aufgabe der Krankenschwester in der kranken Umwelt entgegen. Sie werfen nur noch das Problem der gesellschaftlichen Wertung weiblicher Fürsorgebereitschaft auf, nicht aber mehr das der politischen Funktionalisierung. Vielmehr müssen Kompromisse und Verknüpfungen zwischen ökologischen und emanzipatorischen Zielen, zwischen politischer Zumutung und angenommener individueller Verantwortung gefunden werden.
Wenn Frauen die gesellschaftliche Rollenzuweisung als Dienstleisterin an der Umwelt annehmen, sind sie dann zum Schluß nicht wieder die Dummen, deren Verzicht- und Opferfähigkeit ausgenutzt werden? Ist dann das Weibliche nicht, wie Christine Thürmer-Rohr so treffend formuliert hat, wieder einmal "Säuberungsmittel" in der verseuchten Gesellschaft? Denn von Frauen Auto- und Konsumbefreiung, Wiedergewinnung naturverbundener Arbeit und Wiederaneignung von Raum und Zeit zu fordern, läßt das Geschlechterverhältnis unberührt und auch unser wachstumsfixiertes Wirtschaftsmodell.

Demokratie und Öko-Moral

Die für Frauen so paradigmatische Entscheidungsquadratur mit den Eckpunkten Zeit, Geld, Kraft und ökologische Werte läßt sich nicht allein ökomoralisch mit hehren Normen aufbrechen. Erst kommt bekanntlich das Fressen - und das gilt auch für die Öko-Moral. Ihre verändernde Schubkraft erhalten Leitbilder nicht durch eine Normierung von Verhalten, sondern durch attraktive Umsetzungsmodelle auf der Mikroebene. Ein kategorischer Imperativ, der nur an die Moral appelliert, und über Interessen hinweggeht, wird ein zahnloser Tiger bleiben, auch wenn er noch so grün daher kommt.
Die Propagierung einer neuen Bescheidenheit kann nur mit mehr Akzeptanz rechnen, wenn sie Alternativen der Versorgung aufzeigt, die sozialen Unterschieden Rechnung tragen und Frauen zumindest Teillö-

sungen für ihre Problemkonglomerate anbieten. Konsumabbau muß mit dem Aufbau selbstbestimmter Versorgungsstrukturen und selbstgenügsamer Produktionsformen einhergehen. Kollektive Nutzungskonzepte statt privaten Eigentums stehen besonders an, weil die Zahl der Single-Haushalte in westdeutschen Großstädten inzwischen über 5o Prozent liegt. Soziale Lösungen durch Gemeinschaftseinrichtungen, Serviceangebote vom Windel- bis zum Einkaufdienst, Kollektivnutzung von Geräte- und Fahrzeugparks sowie eine andere Verkehrs- und Wohnungspolitik (um beim Beispiel des privaten Pkw-Verkehrs zu bleiben: Frauen-Nacht-Taxen oder das Frauen-begleiten-Frauen-Projekt in Frankfurt) müssen Handlungsmöglichkeiten für einen ökologisch verträglichen Konsum eröffnen.

Alternativen können nicht zentralisiert von "Experten" oder staatsbürokratisch erarbeitet werden, sondern müssen dezentral und basisdemokratisch von den Betroffenen selbst entwickelt werden. Die Modellsuche ist weder in wissenschaftlichen noch in moralischen Elfenbeintürmen anzusiedeln, sondern auf kommunaler und regionaler Ebene. Sie muß ihre Anknüpfungspunkte in den unterschiedlichen Erfahrungen und Lebensrealitäten von Frauen haben, von der geschlechtshierarchischen Arbeitsteilung ausgehen, von den Lebensformen in Single-, Paar-, Familien-, oder alleinerziehenden Haushalten, von den Zeit-, Geld- und Belastbarkeitsbudgets der Frauen, von ihren Handlungsfeldern, ihren Bedürfnissen. Handlungsrelevante Erkenntnisse und operationalisierbare Konzepte sind am besten handelnd zu gewinnen, in Planungszellen von lokal Betroffenen und ExpertInnen. Eine Ethik der Genügsamkeit kann nicht ökodiktatorisch verordnet werden, sondern muß im Handeln wachsen.

Dies heißt nicht, daß nicht auch ordnungspolitische Eingriffe des Staates, z.B. ein ökologisches Besteuerungssystem, Sinn machen. Ebenso moralische Appelle an ein Verantwortungsgefühl für die Natur und die Menschheit als Ganze. Doch auf Dauer kann der Transmissionsriemen zwischen Interessen an der Basis einerseits, Wirtschaft und Politik andererseits weder nur ordnungspolitisch noch allein ökomoralisch sein. Dauerhafte Lösungen ökologischer Probleme müssen vielmehr basisdemokratisch entwickelt und verankert sein.

Für Frauen kann es dabei nicht um eine Gratispartizipation gehen, die den politischen Entscheidungsträgern Ideen und Innovationen liefern soll, sondern es geht um *empowerment*, Zugang zu politischer Entscheidung und Macht von der Basis her. Eine solche Rückgewinnung lokaler Souveränität ist nicht nur im Süden von Bedeutung, sondern derzeit bei uns um so wichtiger, als die Strukturen der repräsentativen Demokratie im Zuge eines geeinten Europas noch einmal weiter von den lokalen Bedürfnissen und Interessen abheben. Gleichzeitig muß nach Wegen gesucht werden, um das zu schaffen, was in den letzten zehn Jahren nicht gelang: durch sozial-ökologische Allianzen und koordinierten Druck von Umweltinitiativen an der Basis die Umweltpolitiker zu einer anderen Prioritätensetzung zu zwingen.

Bei uns gilt nicht weniger als für die Länder des Südens, daß Wirtschaften neu geerdet werden muß: in den Bedürfnissen der Menschen und den vorhandenen Ressourcen. Dann ist ökologische Rücksichtnahme nicht mehr nachgeordnetes Anhängsel der Ökonomie, sondern integrierte Bedingung für diese.

Ist die Rettung der Erde weiblich?

Die Hoffnung auf eine weibliche Rettung der Erde ist Anmaßung. Lokale Fraueninitiativen allein können das weltumspannende natur- und frauenausbeutende System nicht aushebeln: weder erfolgreiche Umweltprojekte im Süden noch kleine autarke Versorgungseinheiten und Selbsthilfe-Inseln bei uns.
Sicher ist es notwendig, daß jede einzelne bei sich selbst beginnt, um ihre Mittäterschaft in diesem System aufzubrechen. Doch das ist nicht hinreichend, um eine ökologische Grunderneuerung unserer Gesellschaft und Wirtschaft einzuleiten. Schließlich stehen dieser äußerst machtvolle politische, wirtschaftliche und militärische Interessen auf

nationaler wie internationaler Ebene entgegen. Ja, die Ökologiefrage ist eine Frauenfrage, aber wie alle Frauenfragen ist sie eine Systemfrage. Es geht nicht nur um eine neue individuelle Ethik, sondern vor allem um eine neue gesellschaftliche Ethik. Es reicht für eine frauengerechte Ökologie nicht aus, das Private zu politisieren. Vielmehr müssen Frauen sich auch, wie dies auf den Konferenzen in Miami programmatisch erklärt wurde, auf der politischen und wirtschaftlichen Makroebene einmischen, mit radikaler Kritik, mit pragmatischen Forderungen, mit visionären Entwürfen.

Und als Drittes gehört zu einer feministischen Ökologie der Kampf gegen die Geschlechterhierarchie. Ohne den lauert die Gefahr, daß die Naturverbundenheit von Frauen und ihr Bemuttern der Erde die Asymmetrie der Geschlechter verstärken. Die Erde umsorgen, sie bemuttern - das darf nicht nur Aufgabe von Frauen sein, sondern Menschenpflicht.

Praktische und strategische Interessen sind zu verknüpfen, d.h. während Lösungsansätze für ökologische Alltagsprobleme getestet werden, darf die Suche nach Strategien gegen das System als Ganzes, das Natur, Frauen und alte und neue Kolonien im Süden und Osten ausbeutet, nicht aus dem Blick geraten. Auch wenn ein ökologisches Gleichgewicht mit der Natur und ein sozialer Ausgleich zwischen den Geschlechtern, Klassen und Nationen Zielformulierungen sind, die uns derzeit eine große Hilflosigkeit und Ohnmacht zurückspiegeln, gibt es keinen Grund, sie als Vision aufzugeben.

Dies alles wird zu einem Zeitpunkt geschrieben, wo die Brisanz der Tagespolitik und eine neue Dominanz wirtschaftlicher Schwierigkeiten das Interesse an den Themen Ökologie und Entwicklung nicht nur in der Frauenbewegung hat schwinden lassen. Darüber hinaus sind die Problembereiche nicht nur untereinander, sondern auch mit grundsätzlichen Fragen unseres Zivilisationsmodells und einer neuen Weltordnung auf eine Weise verhakt und verzahnt, die mutlos macht. Diese Komplexität muß auch in der Frauenbewegung jene abschrecken, die nach einfachen Lösungen suchen. Es gibt keine geradlinigen Schmalspurgleise in die ökologisch heile Welt, keine simplen Rezepte, kein Königinnenweg - weder im Süden noch im Norden.

Der Weg ist ebenso komplex wie schwierig. Feministische Ökologie muß immer mehrgleisig denken und handeln: mit Frauen, die in verkehrspolitischen Gremien den Autowahn bekämpfen, mit Frauen in Müll- und Verbraucherinitiativen, mit Frauen, die ökofeministische Konzepte umsetzen, z.B. auf dem Land im spirituellen Austausch mit der Natur leben, mit Frauen, die gegen Atomversuche und Kernkraftwerke protestieren, mit Frauen, die gerechte Weltmarktpreise und Schuldenstreichung für den Süden fordern. Sicher muß sie auch Koalitionen mit sozial-ökologisch engagierten Männern eingehen - ihre Positionen darf sie jedoch dabei nicht verwässern.

Durch die Erfahrungen im UNCED-Prozeß haben Frauen außerdem gelernt, daß Arbeit in den etablierten Politstrukturen - und institutionen ohne Rückendeckung durch einen autonomen Organisierungsprozeß, in dem klare Positionen und Forderungen erarbeitet werden, wenig Sinn macht; daß internationale Vernetzung von Frauen-, Entwicklungs- und Umweltorganisationen bzw. von engagierten Einzelpersonen auf Dauer zu einem Wasserkopf werden muß, wenn für sie in den einzelnen Ländern keine lebendige Basis besteht.
Eine feministische Ökologie hat ohne demokratische Verankerung und autonome Basisbewegung weder international noch in einzelnen Ländern eine dauerhafte Chance.

Eins ist klar: wir haben keine Zeit, uns über die Naturnähe von Frauen zu streiten, wenn dieser Planet noch gerettet werden soll. Wir müssen damit beginnen, als Pionierinnen, als Querdenkerinnen und -treiberinnen, als Sand im Getriebe, jede an ihrem Ort, in einer konzertierten Aktion.

Frauen aus dem Süden setzen Akzente

Sonia Correa
(Brasilien)

Im Brennpunkt: Sterilisationen in Brasilien

Im Mai 1990 konstituierte sich ein brasilianisches Forum von Nicht-Regierungs-Organisationen und sozialen Bewegungen, um die Debatte über Umwelt und Entwicklung zu vertiefen und eine nationale Plattform als Gegenstück zu den internationalen Organisationen zu schaffen, die sich für die Durchführung des Global Forums bei der UNCED engagierten. In diese Diskussionen bezogen sich Anfang 1991 auch feministische und sonstige Frauenorganisationen ein. Sie brachten als eine Priorität die Bevölkerungsfrage in die Debatte ein.

Sexualität und Fortpflanzung sind seit den siebziger Jahren herausragende Themen des brasilianischen Feminismus gewesen, weil die Ungleichheiten zwischen Männern und Frauen in hohem Maße durch körperliche Unterschiede bestimmt und vermittelt werden. Zu Beginn der achtziger Jahre hatten Feministinnen bereits verschiedene Analysen der im Lande bestehenden Bedingungen für Gesundheitsfürsorge und Familienplanung erstellt. Sie enthüllten den Skandal illegaler Abtreibung und stellten bei den Frauen der Bevölkerungsmehrheit einen Bedarf an geeigneter Geburtenkontrolle fest. Die feministische Kritik richtete sich einerseits gegen den Fruchtbarkeits- und Mütterlichkeitsmythos der herrschenden Kultur. Andererseits stellte sie die Mißbräuche der privaten Familienplanungsorganisationen heraus, die seit den sechziger Jahren im Lande tätig waren und bei denen arme Frauen Zugang zu Verhütungsmethoden fanden.

Selbst unter dem Militärregime übte die Frauenbewegung offene Kritik an der Tatenlosigkeit des Staates, der sich offiziell gegen Familienplanung aussprach, doch den Aktivitäten privater Agenturen, die praktisch ohne jede Kontrolle waren, freie Hand ließ. Bei der Analyse dieser Zusammenhänge stellten Wissenschaftlerinnen und Aktivistinnen vor über zehn Jahren die wachsende Präferenz von Frauen für Sterilisierung fest. Unter den politisch günstigen Bedingungen der Demokratisierung wurden diese Fragen öffentlich relevant, und die feministische Analyse beeinflußte direkt die nationale Bevölkerungsdebatte. Sie beendete die polarisierte Diskussion zwischen den traditionell pronatalistischen Positionen und dem wachsenden Neomalthusianismus der politischen Eliten. In die Diskussion wurde der grundlegende Gedanke eingeführt, daß der Zugang zu Informationen und Methoden der Geburtenregelung als Teil der politischen Tagesordnung einer Demokratie verstanden werden müsse, weil es sich dabei um ein BürgerInnenrecht handelt.

Während der achtziger Jahre wurden die feministischen Forderungen in gesetzliche Verordnungen für die neue Verfassung von 1988 umgesetzt. Sie waren auch bestimmend für die Ausarbeitung der Grundsätze des Gesundheitsprogramms PAISM (Programm für integrale Gesundheitsversorgung der Frau), das vom Gesundheitsministerium durchgeführt werden sollte (1983). Das Programm sah folgendes vor: Verbesserung der Behandlungsbedingungen vor und während der Geburt, Ausdehnung der Vorbeugemaßnahmen gegen Krebs und Geschlechtskrankheiten, gynäkologische Behandlung und Empfehlung von Verhütungsmethoden durch das öffentliche Gesundheitswesen. Alle diese Aktivitäten setzten ein hohes Maß an erzieherischer Arbeit und eine qualitative Veränderung des Verhältnisses zwischen den Angehörigen des öffentlichen Gesundheitsdienstes und dessen Benutzerinnen voraus.

Der Übergang zur Demokratie eröffnete auch institutionelle Räume, von denen aus die Frauenbewegung politische Maßnahmen beeinflußte. Zwischen 1985 und 1988 waren von der Bewegung anerkannte Wissenschaftlerinnen und Aktivistinnen im "Nationalen Rat für die Rechte der Frau" und in der "Sonderkommission für Studien zur menschlichen Fortpflanzung", einem Organ des Gesundheitsministeriums, vertreten, das den Auftrag hatte, Regelungen in diesem Bereich zu analysieren und vorzuschlagen. Die Frauen konnten durchsetzen, daß die Erprobung des Implantats *Norplant*[1] durch einen Beschluß des Aufsichtsorgans des Gesundheitsministeriums abgebrochen wurde. Dieser Erfolg brachte den brasilianischen Feministinnen starke internationale Beachtung.

Die hier beschriebene Entwicklung erklärt, warum sie das Thema als Schwerpunkt für "Planeta Femea" wählten. Wenn die autonomen Frauenorganisationen die Bevölkerungsfrage nicht in den Blick gerückt hätten, wäre das Thema nicht in angemessener Weise in die nationale Debatte über Umwelt und Entwicklung eingegangen. Dabei muß eingeräumt werden, daß sich die Debatte im Laufe der Vorbereitungen für UNCED stark polarisierte. Die vereinfachende Analyse der Umweltschützer in bezug auf den Zusammenhang zwischen Bevölkerungswachstum und Umweltzerstörung, die Hegemonie des Neoliberalismus und der Nord-Süd-Konflikt sind fundamentale Elmente zum Verständnis der politischen Atmosphäre, in der die Sterilisierung von Frauen in Brasilien zu einem Thema von internationalem Interesse wurde.

Demographischer Wandel und Sterilisierung von Brasilianierinnen

Aus dem derzeit verfügbaren Zahlenmaterial geht hervor, daß Brasilien in den letzten vier Jahrzehnten Schauplatz bedeutender demographischer Veränderungen war. Die Fruchtbarkeitsrate sank von 6,21 im Jahre 1950 über 3,2 im Jahre 1984. Anfang der achtziger Jahre war ein rasanter Rückgang von 18,9 % zu verzeichnen. Die Verbreitung von Empfängnisverhütung steigerte sich von 33 % der Frauen im gebärfähigen Alter im Jahre 1970 auf 66 % im Jahre 1986. Die

---

1 Das Implantat Norplant besteht aus kleinen Silikonkapseln, die in die Armbeuge der Frau eingepflanzt werden und dort ein paar Jahre lang einen Ovulationshemmer absondern. Nach der Wirkungsdauer muß das Implantat wieder operativ entfernt werden.

Methoden werden jedoch im ungleichen Maß angewendet. Daten von 1986 besagen, daß von den Frauen, die eine Ehe oder eheähnliche Verbindung eingegangen sind und ein Mittel zur Fruchtbarkeitsregulierung anwenden, 44,4 bereits sterilisiert waren, fast sieben Millionen Frauen. Die Zahl der Frauen, die die Pille nehmen, stellen 38 % dieser Gruppe. Die Anwendung der übrigen Methoden ist praktisch nicht erwähnenswert.
Diese Verteilung unterscheidet sich stark von der in den Industrienationen des Nordens, wo vor allem reversible Methoden verbreitet sind. Sie unterscheidet sich ebenfalls von den Verhältnissen in Afrika, wo die Verbreitung von Verhütungsmitteln gering und Sterilisation praktisch bedeutungslos ist. In anderen lateinamerikanischen Ländern sind jedoch auch entsprechende Sterilisationsraten bei verhütenden Frauen zu finden, so z.B. in El Salvador, Panama, Kolumbien und, in geringerem Maße, in Mexiko.

Brasilien hat, wie andere lateinamerikanische Länder auch, eine lange pronatalistische Geschichte. Sie beginnt in der Kolonialzeit als Strategie zur Sicherung von Territorium und entwickelte sich im 19. und 2O. Jahrhundert zu einer mehr oder weniger ausgeprägten Politik der Geburtenförderung, die im Zuge des Industrialisierungsprozesses zwischen den dreißiger und siebziger Jahren verfeinert wurde.

Die Faktoren, die das in jüngster Zeit zu verzeichnende Absinken der Fruchtbarkeit in Brasilien bewirkten, sind zu vielfältig und komplex, um sie hier zu untersuchen. Doch die bedeutsamsten sollen hervorgehoben werden. Zwischen 1950 und 1985 tauchten die Frauen, die traditionell "unsichtbar" in die Sicherung des Lebensunterhalts eingebunden waren, in den Statistiken des Arbeitsmarkts auf. In dieser Zeit verdreifacht sich ihr prozentualer Anteil in den Statistiken über die wirtschaftlich aktive Bevölkerung - eine Tendenz, die sich in der Krise der achtziger Jahre nicht verstärkte. Auch die Einschulungsraten von Mädchen stiegen, von 16 % im Jahre 1965 auf 45 % im Jahre 1988. Im

selben Zeitraum verstädterte das Land: der Anteil der Stadtbevölkerung wuchs von 50 % auf 75 %.
Während des Militärregimes 1965-1985, im Rahmen des "Wirtschaftswundermodells", wurde eine teils ausdrückliche, teils stillschweigende Migrationspolitik betrieben und politische Maßnahmen mit direkten Auswirkungen auf die gesellschaftlichen Normen und die Fruchtbarkeit durchgeführt: Erweiterung des Gesundheitssystems, was dazu führte, daß bestimmte soziale Aufgaben nun von Ärzten wahrgenommen wurden, Kreditprogramme für Konsum, eine nationale Integrationspolitik, zu deren wichtigsten Komponenten die Schaffung umfassender Kommunikationsnetze zählte. Das hatte Veränderungen der Familienstruktur zu Folge, eine kulturelle Homogenisierung und eine Vertiefung der sozialen Ungleichheiten - alles Bedingungen, die das frühere Fortpflanzungsverhalten änderten.

Um diesen Prozeß zu verstehen, müssen nicht nur soziale und wirtschaftliche Determinanten berücksichtigt werden, sondern auch die Geschlechterbeziehungen. Die Rollenverteilung und die Ungleichheit zwischen Männern und Frauen verändern sich nicht in demselben Tempo wie die Wirtschaft. Die Frauen werden weiterhin als "Mütter und Ehefrauen" definiert. Ihnen allein fallen die Aufgaben im Zusammenhang mit Fortpflanzung/Geburtenkontrolle, Kindererziehung und Hausarbeit zu, auch wenn sie berufstätig sind. Für die Männer verliert der Kinderreichtum nicht so schnell seinen Wert als Beweis für Männlichkeit. Auf einer tieferliegenden Ebene gelten Sexualität und Fortpflanzung weiterhin als "heilig und naturgegeben", mithin als relativ unantastbar durch menschliche Definitionen und Entscheidungen. Aufgrund dieser Konstellation waren Spannungen und Widersprüche unvermeidbar.
Aus demographischen Studien geht hervor, daß bereits in den fünfziger Jahren Kaiserschnitt und Sterilisation bei Frauen aus den reichen und Mittelschichten der Städte angewandt wurden. Die derzeitige Situation resultiert zum großen Teil aus der Übertragung dieses Modells auf die

unteren Bevölkerungsschichten - ein Prozeß der in den siebziger Jahren einsetzte und sich im letzten Jahrzehnt ungeheuer intensivierte. Die Fortpflanzungswünsche brasilianischer Frauen - d.h. die Zahl gewünschter Kinder - weisen, zumindest seit den sechziger Jahren, Veränderungen auf. Als die privaten Familienplanungsorganisationen in Brasilien ihre Tätigkeit aufnahmen, stellten sie bereits eine hohe Anzahl illegaler Abtreibungen fest. In demselben Zeitraum begann die Verbreitung der sog. neuen Verhütungstechnologien, Intrauterinpessar, Pillen, Creme, Schaum, durch Apotheken und Institutionen, die sich mit Familienplanung beschäftigten.

Diese Institutionen hatten keinerlei Verpflichtung hinsichtlich der Qualität der von ihnen erbrachten Leistungen, da ihre Programme hauptsächlich darauf abzielten, die demographische Wachstumsrate zu senken. Sie bevorzugten Methoden, die als sicher galten, um "menschliches Versagen zu vermeiden". In einigen Bundesstaaten schlossen private Institutionen Verträge mit der Regierung im Rahmen eines Modells, bei dem sie Verhütungsmethoden anboten und der öffentliche Sektor die Verantwortung für die Gesundheitsfürsorge übernahm. Doch im allgemeinen hat sich der Staat völlig aus der Verantwortung gezogen und selbst in den Fällen, wo Verträge geschlossen wurden, war die Qualität der Gesundheitsfürsorge immer unzureichend. Das Angebot der Verhütungsmethoden war nicht angemessen begleitet von Information, Erziehung und ärztlicher Hilfe und erzeugte schließlich bei den ärmsten Frauen eine "Kultur des Mißtrauens" in bezug auf die reversiblen Methoden. Die Frauen, die heute über 35 Jahre alt sind, haben unzählige Versuche mit den angeboten Mitteln gemacht, haben Fehlschläge erlebt, Nebenwirkungen und Mißbrauch erduldet. In diesem Vakuum fand das "Modell der Sterilisierung" seinen Platz.

Seit Mitte der siebziger Jahre gehen Ärzte, die früher kostenlos eine Eileiterdurchtrennung an kinderreichen Frauen vornahmen, dazu über, dieses Verfahren in größerem Umfang kommerziell anzubieten. Gleichzeitig begannen einige private Institutionen mit der

Durchführung von Sterilisationen, in einigen Fällen mit Beihilfen internationer Organisationen (5O US-Dollar) für jede durchgeführte Sterilisation. Da bei den Frauen tatsächlich ein Bedarf an Fruchtbarkeitsregulierung bestand, den weder der Staat noch die Familienplanungsorganisationen befriedigten, wurde der Zugang zu Sterilisierung schließlich zu einer rein kommerziellen Lösung, für die die Gesetzmäßigkeit von Angebot und Nachfrage galt. Es gibt dramatische Beispiele für Mißbrauch, d.h. für Sterilisierungen von Frauen ohne deren Einwilligung. Die große Mehrzahl der Sterilisationen ist jedoch bei der letzten Geburt im Zusammenhang mit einem Kaiserschnitt erfolgt, und die Frau hat den Arzt dafür bezahlt. Der Preis variert nach sozialer Schicht, entspricht aber mindestens dem Mindestlohn von 8O Dollar.
Diese radikale Wahl der Frauen scheint eine unbewußte politische Antwort auf den Entwicklungsprozeß zu sein, der patriarchale Werte, autoritäre Politik und perverse Mechanismen der Modernisierung vereint. Auf privater Ebene lehnen sie die Rolle ab, die Ehemänner und Sexualpartner ihnen zuweisen. Auf gesellschaftlicher Ebene stellen sie ihre historische Rolle als "Gebärmütter" in Frage. Jahrhundertelang haben sie Menschen das Leben gegeben, die dann zu Objekten globaler Prozesse geworden sind, die sie als Frauen nicht beeinflussen oder kontrollieren konnten.

Die Ärzte, die den Eingriff vornehmen, sind manchmal Angehörige des öffentlichen Gesundheitswesens, doch in den meisten Fällen handelt es sich um private Einrichtungen, die von der staatlichen Sozialversicherung unter Vertrag genommen werden. In den ärmsten Regionen, wie im Nordosten, wurde der Bedarf an Geburtenkontrolle schnell in den politischen Wahlkämpfen ausgenutzt. Mindestens seit 1982 werden in den großen Städten und im Landesinneren Wählerstimmen gegen Sterilisierung eingetauscht, d.h. der Kandidat bezahlt den chirurgischen Eingriff. In jeder Wahlperiode - zwischen 1982 und 1992 fanden fünf Wahlkampagnen statt - nimmt die Zahl der sterilisierten Frauen unvermeidlich zu.

Diese Mißstände waren bereits bekannt, als die Grundsätze für PAISM, das Programm für Integrale Gesundheitsvorsorge für die Frau, formuliert wurde. Fallstudien, direkt Erfahrungen mit den Frauen und Reportagen in der Presse deuten darauf hin, daß die Verhältnisse sich verschlechtert haben.
Bereits 1986 war offenkundig, daß die Mehrzahl der Sterilisationen in den achtziger Jahren durchgeführt wurde. Dabei war ein starkes Absinken des Alters der sterilisierten Frauen zu beobachen, denn in einigen Regionen hatten sich 3O % der Frauen unter 25 Jahren bereits dem chirurgischen Eingriff unterzogen. Seither breitet sich diese Praxis von den Städten auf die ländlichen Bereiche aus. Heute gibt es in jeder Stadt, wo ein Krankenhaus ist, auch einen Arzt, der Sterilisationen vornimmt. Und für die Ärzte und Gesundheitsdienste, die diese Methode anbieten, besteht kein Interesse daran, daß das "Modell" abgeschafft wird, denn es ist ein Mittel, um schnelle Gewinne zu machen.
Sterilisation kann allerdings nicht als spezifisches Armutsphänomen gesehen werden, denn ein bedeutender Prozentsatz der reichen und Mittelschichtfrauen hat sich ebenfalls für diese Möglichkeit entschieden. Für arme Frauen ist dies in der Praxis jedoch die einzige Alternative zum Kinderkriegen, die ihnen bleibt. Da sich in Brasilien die arme Bevölkerung überwiegend aus Mestizen und Schwarzen zusammensetzt, liegt es nahe, eine Wechselbeziehung zwischen Rassenungleichheit und Sterilisierung zu sehen. Zwar liegen keine präzisen demographischen Daten vor, die den Rassismus in der Bevölkerungspolitik belegen, aber der tiefverwurzelte Rassismus der brasilianischen Gesellschaft berechtigt zu der Annahme, daß im Bewußtsein vieler Ärzte ist, "daß es dem Land besser ginge, wenn die Schwarzen weniger zahlreich wären".

Verschiedene Studien zeigen, daß die Art und Weise, wie Sterilisationen in Brasilien durchgeführt werden, schädliche Folgen für Frauen hat. Die Sterilisierung fördert die Anwendung des

Kaiserschnitts und erhöht so die Gesundheitsrisiken für Mutter und Kind. Man weiß auch, daß der Zeitpunkt der Entbindung nicht der richtige Augenblick für eine derartige Entscheidung ist, denn das Baby kann sterben. Mögliche Nachwirkungen aufgrund des "Fließband"verfahrens, wie Menstruationsstörungen, Myome, Adnexitis, sind noch nicht genügend untersucht. Ein bedeutender Prozentsatz der Frauen, die sich in sehr jungem Alter sterilisieren lassen, bereut später die Entscheidung, sei es, weil sie wieder heiraten, sei es, weil sie sich später weitere Kinder wünschen.
Andere Frauen erleben die Entscheidung jedoch positiv, weil damit das Versagen von Verhütungsmitteln und unerwünschte Schwangerschaften ausgeschaltet sind, und sie nicht mehr mit den Risiken einer illegalen Abtreibung und den moralischen Fragen konfrontiert werden, die diese in der katholischen Welt auslöst.

PAISM: Das verlorene Jahrzehnt

Die Entwicklung der Debatte und der Bedingungen für Geburtenkontrolle ist während der achtziger Jahre in Brasilien in der Tat paradox verlaufen. Einerseits erweiterte und vertiefte sich in der Gesellschaft die Diskussion über Empfängnisverhütung und Abtreibung und bekam einen politischen und institutionellen Rahmen. Themen, die früher als Teil der Privatsphäre oder des medizinischen Bereichs behandelt wurden, sollten von nun an aus einer Perspektive analysiert werden, die von den Begriffen Gemeinsinn, soziale Demokratie und ethische Entscheidung des Individuums bestimmt war. Andererseits waren die achtziger Jahre in Brasilien eine Epoche der Verschärfung sozialer Ungleichheit und der Einkommenskonzentration.
Unter diesen Umständen hätte die Einführung des PAISM vorrangig als eine sozialpolitische Maßnahme erfolgen müssen, um die marginalisierten Schichten der weiblichen Bevölkerung zu berücksichtigen. Die Ergebnisse der Investition von 25 Millionen Dollar zwischen 1985 und 1991 lassen viel zu wünschen übrig. Es wird geschätzt, daß weniger als 10 Prozent der öffentlichen

Gesundheitseinrichtungen Verhütungsmethoden anbieten. Es war keine nennenswerte Verbesserung der Behandlung vor und während der Geburt festzustellen. Eines der wenigen Beispiele für die erfolgreiche Durchführung der angekündigten Maßnahmen sind die Aktionen der Stadtverwaltung von Sao Paolo. Die Koordinatorin nennt als Grund den politischen Willen der von der Arbeiterpartei geleiteten Verwaltung und die Präsenz von Feministinnen auf den Entscheidungsebenen des städtischen Gesundheitsamts.

Zwischen 1990 und 1992 wurden die Mittel für das Gesundheitswesen im Zuge von Strukturanpassungsprogrammen rigoros gekürzt, die Ministerien für Gesundheit und Soziale Sicherheit wurden zu offenen Korruptionsherden. Die Einführung des PAISM wurde jedoch nicht nur durch die allgemeine Instabilität der Gesundheitspolitik beeinträchtigt, sondern auch durch konkrete Repressionen und Behinderungen. Zunächst benutzte die katholische Kirche ihren Einfluß auf den Entscheidungsebenen, um die Anwendung nicht-natürlicher Verhütungsmethoden und den Inhalt des vom Minsterium erstellten Informationsmaterials in Frage zu stellen. Später war das Programm Gegenstand von Auseinandersetzungen und Intrigen seitens der privaten Familienplanungsorganisationen, die ihren dominanten Einfluß auf die Definition des Programms bewahren wollten.
Am Ende des Jahrzehnts zogen sich die Feministinnen aufgrund starker Repressionen von ihren Posten im Regierungsapparat zurück und das Programm verlor, was ihm an institutioneller Unterstützung noch geblieben war. In diesem bewegten Prozeß zeigt sich die Unfähigkeit der bürgerlichen Gesellschaft, ihre sozialen Forderungen durchzusetzen und dies ist auch eine Schwäche der Frauenbewegung.
Angesichts dieses historischen Paradoxes wird die Frage der Sterilisation zu einem politischen Thema der Massen. Mehr als die Feministinnen sind es heute die Parteien, die Bewegung der Schwarzen, die Arbeiterorganisationen und sogar die Kirche, die die Diskussion über dieses Thema beherrschen. Gerade ist ein Gesetzesentwurf

eingebracht worden, das Mindestalter für Sterilisationen auf 30 Jahre festzusetzen.
Diese Forderung birgt das Risiko, daß Sterilisierung, wie die Abtreibung, zu einem "illegalen" Verfahren wird. Die Kontrolle und Aufsicht durch den Staat bewirkt auch, daß man die Leitprinzipien individueller Entscheidung und Gemeinsinn, die die Debatte im ganzen letzten Jahrzehnt belebten, aus den Augen verliert.
Unterdessen bleibt das PAISM eine vorrangige politische Forderungen der Frauenbewegung. Die durch die nationale und internationale Wirtschaftspolitik bedingten Strukturen sind jedoch äußert ungünstig für die Einleitung und Konsolidierung einer staatlichen Umverteilungspolitik, die sich am Prinzip der Gleichheit orientiert. In der Gesellschaft selbst hat die Bevorzugung der Sterilisation die Frauen schon derart geprägt, daß eine Umkehrung der Entwicklung außer dem Zugang zu alternativen Methoden eine tiefgreifende Veränderung im Denken der Frauen erfordert.

Die Geschichte des demographischen Wandels in Brasilien zeigt, daß auf dem Gebiet der Fortpflanzung, wie auch in anderen Lebensbereichen, die Gesetze des Marktes den menschlichen Bedürfnissen nicht gerecht werden. In diesem Sinne kann nicht behauptet werden, daß die Bevorzugung von Sterilisation auf die freie Entscheidung und den freien Willen der Bürgerinnen zurückzuführen ist. Andererseits wäre es auch ein Kurzschluß, diese Entwicklung nur als Mißbrauch des Staates, privater Institutionen und der Ärzte zu interpretieren, denn die Frauen haben sie selbst beeinflußt. Sie ist weniger Resultat einer ausdrücklichen Politik der Bevölkerungskontrolle als vielmehr eine perverse Kombination von fehlender Politik und der Gesetzmäßigkeit von Angebot und Nachfrage.

Für die Frauenbewegung ist es dringend nötig, für die verbleibenden neunziger Jahre neue Strategien zu entwickeln. Die Herausforderung ist heute größer als vor zehn Jahren.

Vandana Shiva
(Indien)

DER SAMEN UND DIE ERDE
Frauen, Ökologie und Gentechnologie

In den meisten Kulturen der Welt waren die Fruchtbarkeit der Erde und des weiblichen Körpers mächtige Symbole für den Reichtum, die Vielfalt und Vitalität der Natur und die Erneuerung von Leben und Gesellschaft.
Im Laufe der jahrhundertelangen Herrschaft des Mannes über die Frau wurde diese Symbolik häufig entstellt und der Mann als das "aktive Prinzip" dargestellt, als der, der entweder die Welt und ihre Kreaturen formte und schuf oder als der, der den Samen gab, der einem im wesentlichen passiven "Feld", d.h. der Frau, die Kraft und die Fähigkeit zur Entwicklung verlieh[1]. Diese Entstellung verstärkte sich in den letzten Jahrhunderten, als die Entwicklung der Wissenschaften im Westen die männliche und technologische Erzeugung von Bedarfsgütern von der immer stärker abgewerteten Fähigkeit der Frauen und der Natur, Leben zu erzeugen, trennte.
Die willkürlichen Grenzen, die zwischen Wissen und Unwissen, modern und primitiv, wertvoll und wertlos gezogen wurden, haben die Möglichkeit geschaffen, das zu kolonisieren und zu kontrollieren, was frei ist und sich selbst fortpflanzt. Die Körper der Frauen, die Saat und der Boden, die Stätten kreativer Fortpflanzung wurden zu passiven Objekten gemacht, aus denen Experten Profit schlagen können. Die Quellen der Erneuerung des Lebens wurden so in tote, leblose und unzusammenhängende Materie verwandelt, nichts weiter als

1 So Aristoteles: "Das Männliche ist getrennt vom Weiblichen, da es als das Prinzip der Bewegung für geschaffene Dinge besser und göttlicher ist, wohingegen das Weibliche als deren Grundstoff dient."

"Rohmaterial", das darauf wartet, zu einem Fertigprodukt verarbeitet zu werden.

Die externe Kontrolle über die Stätten der Fortpflanzung ist nicht nur wünschenswert geworden, sondern sogar für das überleben und das Wohlbefinden der Menschen erforderlich. So kann die Regeneration der Wälder nur gewährleistet werden, indem Holz ein bestimmter in Geld ausdrückbarer Wert zugeordnet wird. Bauern müssen über ständig wachsende Märkte kaufen und verkaufen, um ihre Familien zu ernähren. Und die Frauen müssen sich der Kontrolle ihrer Fortpflanzungsfähigkeit mit den modernsten Technologien unterwerfen, um gesündere Kinder zu gebären. Das Destruktive erscheint als die Rettung.

Wesentlich für die Zerstörung früherer Werte und Rechte ist, sie als "natürlich", primitiv und unzivilisiert abzustempeln. Zum Beispiel glaubten die Europäer, die UreinwohnerInnen Australiens, Amerikas und Afrikas seien Tieren ähnlicher als Menschen und hätten daher nicht die Rechte von Menschen. Da das Land leer und ungenutzt war, konnten sie es sich aneignen. Die Europäer konnten so ihre Invasion als "Entdeckung", ihre Piraterie und ihren Diebstahl als Handel und Vernichtung und Versklavung als "zivilisatorische Mission" darstellen.

Nach der Auslöschung älterer Gemeinrechte konnten private Eigentumsrechte entstehen. Die Arbeit der ursprünglichen Gesellschaften wurde zum Naturzustand erklärt, Aktivität zu Passivität. Ihre Ressourcen wurden als "unentwickelt" und "vergeudet" beurteilt. Die Ausübung kollektiver Nutzungsrechte wurde als "Diebstahl" und "Raub" definiert und die lokale Bevölkerung als gefährliche Menschen, vor denen "Eigentum" geschützt werden müßte.

Die Kolonisierung der menschlichen Fortpflanzung

Wissenschaft und Recht, tief verankert in den Traditionen und Strukturen des Patriarchats, arbeiten Hand in Hand, um die Kontrolle der Fachleute über das Leben der Frauen sicherzustellen. Die Hexenjagden, die das Europa des 16. und 17. Jahrhunderts erschütterten, sind ein Musterbeispiel für die Kriminalisierung der "weisen" Frau, wie der Hebamme und der Heilerin, und für die Auslöschung älterer Rechte.

"Die Unterscheidung zwischen "weiblichem" Aberglauben und "männlicher" Medizin wurde endgültig durch die Rollen des Doktors und der Hexe im Prozeß festgelegt (...), wodurch der Arzt auf moralischer und intellektueller Ebene weit über die Heilerin, über die er urteilen sollte, gestellt wurde. Der Mann wurde auf die Seite von Gott und Gesetz gestellt, auf die gleiche Ebene wie Anwälte und Theologen, die Frau dagegen auf die Seite der Finsternis, des Bösen und der Magie. Der Mann verdankte seinen neuen Status nicht eigenen medizinischen oder wissenschaftlichen Leistungen, sondern Kirche und Staat, denen er so gut gedient hatte."[2]

Der Einfluß der Hebammen wurde im 18. Jahrhundert mit der Einführung der geburtshilflichen Zange weiter zurückgedrängt. Da Hebammen keine Instrumente benutzen durften, wurde die Zange ausschließlich von Ärzten benutzt, die sie viel öfter einsetzten, als medizinisch notwendig gewesen wäre.[3]

Bei der Geburtshilfe werden heute die Arbeit und das Wissen der Frauen ignoriert. Alles, was eine Frau während Schwangerschaft und Geburt tun muß, ist, den Anweisungen ihres Arztes zu folgen. An die Stelle der unmittelbaren organischen Beziehung zum Fötus treten Maschinen und das Wissen von Fachleuten. Sogar die Liebe der Mutter zu ihrem Kind muß von Ärzten und Technikern äußerlich dargestellt werden. Dazu ein medizinischer Experte:

"Die Ultraschalluntersuchung des Fötus ist für die Mutter eine großartige Möglichkeit, Kontakt zu ihrem Kind aufzunehmen und es,

---

2 Ehrenreich, B./English, D., Witches, Midwives and Nurses: A History of Women Healers, Feminist Press, New York 1973, S.19

3 Sogar der Erfinder der geburthilflichen Zange, William Smallie, war der Ansicht, die Ärzte setzten sie viel zu häufig ein. (Wajcman, J.: Feminism Confronts Technology, Polity Press, Cambridge 1991, S.64)

wie man hofft, als Gefährten an Bord und nicht als Parasiten zu betrachten ... Dies sollte es den Müttern erleichtern, sich dem Fötus gegenüber fürsorglich zu verhalten."[4]

Als die Schwangerschaft in ein medizinisches Problem verwandelt wurde, griffen die Ärzte zunächst nur in Ausnahmefällen ein. In den 3oer Jahren war man der Auffassung, 7o Prozent der Schwangerschaften verliefen so normal, daß die Frauen mit Hilfe einer Hebamme zu Hause entbinden könnten. In den 5oer Jahren hielt man 7o Prozent der Schwangerschaften für so "unnormal", daß die Kinder im Krankenhaus unter medizinischer Aufsicht auf die Welt gebracht werden mußten. Die feministische Autorin Ann Oakley sagte dazu: "Die Gebärmütter der Frauen sind Gefäße, die diejenigen mit ihren Ideologien und Praktiken erobern, die nicht glauben, daß Frauen in der Lage sind, über sich selbst zu bestimmen."[5]

Bei Krankenhausgeburten werden routinemäßig Anästhesie und Zange eingesetzt, und der Dammschnitt ist ein Standardeingriff. Künstliche eingeleitete Geburten und Kaiserschnitte nehmen zu[6]. In vielen, wenn nicht in den meisten Fällen sind technische Eingriffe dieser Art unnötig.

Die neuen Fortpflanzungstechniken

Die Entwicklung "neuer Fortpflanzungstechniken" wie der In-Vitro-Fertilisation (IVF) hat die Machtverschiebung von den Müttern zu den Ärzten und von Patientinnen zu den Spezialisten, von denen die meisten Männer sind, verstärkt. Diese Technologien lassen sich einsetzen, um sowohl die Quantität als auch die Qualität der geborenen

---

4 Drewsbury, A.R., "What the Foetus Feels" (Brief), British Medical Journal, 16.2.1983, S.481, zitiert in Oakely, A., The Captured Womb, A History of the Medical Care of Pregnant Women, Basil Blackwell, Oxford 1984, S. 185

5 Oakely, ebda.

6 Wajcman, a.a.O.

Kinder zu beeinflussen. Sie haben auch einen bedeutenden ideologischen Einfluß; das medizinische Personal wird zunehmend als der "aktive" schöpferische Teil gesehen, der die Vereinigung von Ei und Sperma ermöglicht oder den Embryo aus dem Reagenzglas in die Gebärmutter pflanzt. Die Frauen sind das passive Gefäß, der leere wartende Schoß. Zwar werden IVF und andere Technologien angeblich nur für "abnorme" Fälle von Unfruchtbarkeit angeboten, aber hier ist die Grenze zwischen normal und anormal so fließend wie die Grenze zwischen natürlich und nicht natürlich. Ärzte bieten IVF heute fruchtbaren Frauen an, die mit Männern mit einem niedrigen Spermagehalt verheiratet sind. Einige Ärzte vertreten die Auffassung, Paare könnten das Sperma und die Eier genetisch "gesünderer" Menschen für eigene Kinder verwenden.[7]

Die Einführung solcher Technologien mag harmlos erscheinen, bis man die Machtverhältnisse, in denen sie angewendet werden, und die unvermeidliche Versuchung bedenkt, sie häufiger einzusetzen, da sich damit Prestige gewinnen oder Profit machen läßt. Seitdem IVF in den Staaten der nördlichen Hemisphäre und in einigen südlichen Staaten verfügbar ist, ist Unfruchtbarkeit nicht länger ein biologischer Zustand, an den man sich anpassen muß, sondern ein behandlungsfähiges medizinisches Problem, das den intensiven Einsatz von Maschinen und medizinischem Personal erfordert. Entscheidet eine Frau, daß die psychische und physische Belastung für sie im Falle der Nutzung dieser Technologie zu groß ist, vor allem in anbetracht der Mißerfolgsrate von 85 - 9o Prozent[8], wird sie mit der Mißbilligung der Gesellschaft und der Familie für ihre Ablehnung eines möglichen, wenn auch unwahrscheinlichen "Heilmittels" konfrontiert. Das Eigentumsrecht an ihrem eigenen Körper wird durch die Existenz einer Gruppe ausgehöhlt, deren Wissen darüber angeblich größer ist.

---

7 Corea, G. u.a., Vorwort in Spallone, P./Steinberg, D.L., Made to Order: the Myth of Reproductive and Genetic Progress, Pergamon Press, Oxford 1987, S.5

8 Rowland, R., Of Woman Born, But for How Long?, in: Spallone/Steinberg, a.a.O.

Die neuen Fortpflanzungstechnologien heben die Eingriffe in den Prozeß der Geburt auf eine neue Stufe und verstärken gleichzeitig den Glauben, daß Frauen passive Gefäße zur Erneuerung des Lebens sind.

Die Vorstellung von der Frau als Gefäß und dem Fötus als "Schöpfung" aus dem Samen des Vaters geht Hand in Hand mit dem Zerreißen der organischen Beziehung zwischen der Mutter und dem Fötus. In jüngsten Untersuchungen über Föten wurde die Mutter zum "Umweltfaktor" reduziert. "Fötusrechte" und "Fötusschutzpolitiken" behandeln die Mutter als größte Bedrohung und nicht etwa die eigentliche Voraussetzung für das Leben des Fötus. Der Fall, wo in einem Hotel in den USA einer schwangeren Frau Alkohol mit der Begründung verweigert wurde, sie wolle ihrem Ungeborenen bewußt Schaden zufügen, ist ein gutes Beispiel.

Gena Corea prognostiziert, daß im Jahre 2000 die Frauen "keine Beziehung zu ihrer eigenen Fortpflanzungsfähigkeit mehr haben werden, wie wir (in unserer Generation) keine direkte Beziehung zu unserer Sexualität mehr haben... Diese Frauen werden von klein auf mit der Realität von In-Vitro-Fertilisation, Embryo-Transfer, Leihmutterschaft, künstlichen Gebärmüttern und Geschlechtsbestimmungstechnologie aufgewachsen sein. Schon als Kinder werden sie im Fernsehen Berichte über die "FortpflanzungsBank" sehen, das heißt die Institution, in der Sperma, Eier und Embryos im tiefgeforenen Zustand aufbewahrt werden."[9]

Die Fortpflanzungsfähigkeit der Frau wird durch die kolonisierenden Kräfte der modernen Technologie, des Professionalismus und der Kommerzialisierung zerstört.

---

9 Corea, Gena, MutterMaschine, Rotbuch Verlag, Berlin 1985

Die Kolonisierung der Pflanzenvermehrung

Dieselben Kräfte versuchen auch die Kontrolle über die Vermehrung der Pflanzen zu gewinnen. Samen und Boden sind von zentraler Bedeutung für die Erhaltung des lebens auf unserem Planeten. Der Same steht für die Kraft der Erneuerung und der Boden für die lebendige Fruchtbarkeit, aus der alles Leben Nahrung bezieht und wächst. Die Fruchtbarkeit der Erde wurde lange durch eine Frau dargestellt; in Indien zum Beispiel wird sie in Form von Göttinnen wie Shakti, Jagatdhatri, Kali und Durga angebetet. Im alten Europa und im Nahen Osten repräsentierten Gaia, Isis, Ceres und Diana die Göttinnen der Erde, der Natur und der Fruchtbarkeit.

Die "Kolonisierung" und Kommerzialisierung des Saatguts wird durch den Einsatz von Gentechnologie und die Einführung von Eigentumsrechten möglich. Sie machen den Weg frei für den Zustrom für Kapital, das die Privatwirtschaft benötigt, um die Pflanzenzucht und die kommerzielle Samenproduktion zu kontrollieren[10]. Das vorrangige Ziel der beharrlichen Forderung nach Patentschutz in der Landwirtschaft war, die BäuerInnen daran zu hindern, selbst Neuerungen durchzuführen und aus kommerziellem Saatgut Pflanzen zu ziehen, ohne den Saatgutbetrieben Patentgebühren zu zahlen.

Durch die Umwandlung eines allen zugänglichen natürlichen Produktionsmittels in eine Ware und einer sich auf natürliche Weise vermehrenden Ressource in einen käuflichen Input wird die Beschaffenheit des Samens und der Landwirtschaft selbst verändert. Indem sie den BäuerInnen die Lebensgrundlage und die Kontrolle über ihre Produkte nehmen, schaffen die modernen landwirtschaftlichen Technologien Armut und Unterentwicklung. Wie im Falle der menschlichen Fortpflanzung ist der erste Schritt im Kolonisierungsprozeß die Reduktion der Natur auf eine mechanistische Metapher. Ein Lehrbuch über Hochertragskulturen sagt:

---

10 Kloppenburg, J., First the Seed, Cambridge University Press 1988

"Pflanzen sind die primäre landwirtschaftliche Fabrik, in der Samen die "Maschinen" und Düngemittel und Wasser der Brennstoff sind; Herbizide, Pestizide, Geräte, Kredite und technisches Know-how sind die Faktoren, die den Output des Unternehmens vergrößern. Der Output der Pflanzenindustrie hängt direkt vom genetischen Potential der Samen ab, die baren und unbaren Inputs zu nutzen."[11]

Geistige Eigentumsrechte - Patente - sind für die Kolonisierung der Pflanzenvermehrung von zentraler Bedeutung. Wie im Falle von Land können Patente auf "neue" Produkte jedoch nur vergeben werden, wenn angenommen wird, daß keine früheren Rechte bestehen. Wie den Ureinwohnern der europäischen Kolonien ihre älteren "Eigentums"-Rechte streitig gemacht wurden, so wird mit den Eigentumsansprüchen an gentechnisch manipulierten Pflanzen die ältere Pflanzenzucht durch natürliche und vom Menschen beeinflußte Selektion verleugnet. Lebende Rohstoffe werden zu toten gemacht. Der Einsatz neuer Technologien begründet Eigentumsrechte. Nach Ansicht eines Autors beginnt die "echte Pflanzenzucht" erst, wenn die Samensorten der BäuerInnen mit andern durch Inzucht erzeugten Sorten im Labor gemischt und gekreuzt werden, Dies wird bezeichnet als "der lange, mühsame, teure und immer riskante Prozeß der Rückkreuzung und anderer Mittel, die erforderlich sind, bis aus dem Chaos, das durch das fremde Keimplasma verursacht wird, genetische Ordnung wird und schließlich ein vermarktbares Produkt entsteht, mit dem sich Geld verdienen läßt."[12]

Wie bei den Hebammen in den letzen vier Jahrhunderten wird den BäuerInnen jede Erfahrung und jedes Wissen abgesprochen. Geschichte und überbrachte Werte werden ignoriert. Die Grenzen der Kreativität werden so gezogen, daß Tausende von Jahren der Saatgutselektion seitens der BäuerInnen sowie ihr Wissen um natürliche Düngemittel,

---

11 Ram, M., High Yielding Varieties of Crops, Oxford University Press 1980

12 Witt, S.C., Biotechnology and Genetic Diversity, California Agricultural Lands Project 1985

herkömmliche Bewässerungstechniken, die Vorteile der Vielfalt und den Ernährungswert ihrer Kulturen unberücksichtigt bleiben. Sich selbst vermehrende Samen werden als "primitiv" und als "rohes" Keimplasma für ein verbessertes Endprodukt betrachtet. Der gesamte natürliche Fortpflanzungszyklus wird zum unvollkommenen Vorgang gemacht, und der unvollkommene "verbesserte" Same wird zum vollkommenen Produkt erklärt. Denn der so zur Ware gemachte Same ist nicht "vollkommen"; um Ertrag zu bringen und sich zu vermehren, sind chemische Düngemittel und Pestizide erforderlich.
Das Thema des Patentschutzes für modifizierte Lebensformen wirft wichtige Fragen über Eigentum an und Kontrolle von genetischen Ressourcen auf. Die Wissenschaftler können, wenn sie Lebensformen manipulieren wollen, nicht mit Nichts beginnen, sondern müssen dazu andere Lebensformen nehmen. Durch Gen- und Biotechnologie werden keine neuen Gene geschaffen, es werden nur bereits existierende Gene anders angeordnet.

Fötusrechte und Patentrechte

Wie die Fötusrechte geschaffen wurden, um das organische Band zwischen einer Frau und dem Wesen, das in ihr wächst, zu zertrennen, wurden Patentrechte geschaffen, um das Band zwischen den BäuerInnen und ihrem Saatgut zu zerschneiden. Frauen und Bauern, die sich gegen diesen Vorgang wehren, werden zu Störfaktoren, die vom Staat kontrolliert werden müssen. "Verbessertes Saatgut" und "verbesserte Föten" sind in Wirklichkeit nichts anderes als gefangene Samen und gefangene Föten. Die Aktivität der Frauen und der Bauern wird zu Passivität; genutzte und entwickelte Ressourcen erscheinen als ungenutzte und vergeudete; Raub und Eingriff werden zu einem Recht und Gewohnheitsrecht wird Diebstahl. Selbstbestimmung wird zu Unwissenheit.
Die gewaltsame Enteignung autonomer ProduzentInnen ist ein Versuch, das wegzunehmen, was der Natur und den Frauen gehört, und diesen Diebstahl dann "Verbesserung" und "Fortschritt" zu nennen.

Gewalt und Raub mit dem Ziel der Bereicherung sind nicht nur Mittel aus der kolonialen Vergangenheit, sondern auch Mittel für eine Kolonisierung, die das Leben selbst bedroht. Fortpflanzungszyklen werden zerrissen und in lineare "Rohstoff"- und Produktströme gezwungen, die von modernen Technologien abhängig sind.
Um das Leben zu schützen, müssen wir in uns die Fähigkeit bewahren zu erkennen, was wirklich wertvoll ist und die neuen Technologien nach ihren ethischen Zielsetzungen beurteilen. Wenn uns dies nicht gelingt, haben wir unsere Möglichkeiten, das Leben in seiner Spontaneität, Verschiedenartigkeit und Erneuerbarkeit zu feiern, verspielt.

Dieser Artikel erschien in englischer Sprache in der Zeitschrift "The Ecologist", Vol. 22, No. 1, Jan/Feb 1992, S.4-8. Er ist eine gekürzte Fassung des Vortrags, den die Autorin auf dem "Weltfrauenkongreß für einen gesunden Planeten" in Miami hielt.

Zen Tadesse
(Äthiopien)

DESERTIFIKATION, VERSCHULDUNG UND PRIVATE HAUSHALTE IN AFRIKA

Das größte Umweltproblem in Afrika ist Desertifikation im Sinne eines raschen Verlusts an Vegetation. Bereits vor hundert Jahren waren die alarmierenden Ausmaße der fortschreitenden Desertifikation Geographen und anderen Beobachtern bekannt. Aber damals wurde nichts dagegen getan und heute, wo wir die verheerenden menschlichen Kosten von Desertifikation auf unserem Kontinent zu ermessen beginnen, sind wir ironischerweise in der ausweglosen Situation, nicht die Mittel zu haben, um das Problem wirksam anzugehen. Das Bewußtsein über Umweltzerstörung entfaltet sich in einer Zeit der Mittelknappheit in Afrika, die besonders im Kontext der veränderten Weltordnung dramatisch ist.

Achtzig Prozent der landwirtschaftlich nutzbaren Fläche in Afrika unterliegen bereits unmittelbar einer Versteppung oder sind davon bedroht, weil sie infolge regelmäßiger Dürreprioden unterschiedlich starken Vegetationsverlusten ausgesetzt sind. Am schlimmsten betroffen ist der Sudan-Sahel-Gürtel, der einen beachtlichen Teil des Kontinents umfaßt. Aber nicht weniger alarmierend ist die Situation in der Kalahari-Wüse im südlichen Afrika.

Direkte Folge der fortschreitenden Wüstenbildung war der Rückgang der Landwirtschaft, der Überlebensgrundlage von 80-90 Prozent der Bevölkerung in diesen Regionen. Frauen als Produzentinnen von Nahrungsmitteln und Verantwortliche für die Haushalte leiden darunter am meisten, eben weil sie im Rahmen der geschlechtlichen Arbeitsteilung die Last der Reproduktionsarbeiten in der Familie tragen. Sie bekommen die schlechtesten Böden als Felder zugewiesen und ihre Haushaltsarbeit wie Wasser- und Feuerholzbeschaffung werden durch die Umweltzerstörung immer schwieriger.

Desertifikation hat auch andere Formen der Umweltzerstörung ausgelöst wie die Urbanisierung. Seit der Unabhängigkeit hat sich die Verstädterungsrate in Afrika vervierfacht und ist in den neunziger Jahre die höchste der Welt, ganz anders als vor 30 Jahren. Wo aber die städtische Infrastruktur mit diesem schnellen Zuwachs von Bevölkerung nicht schritthält, entwickelt sich in den Städten neue Umweltzerstörung: neben völlig unzureichenden Wohnbedingungen ist das z.B. der Müll, den diese Bevölkerung produziert, ohne daß Möglichkeiten bestehen, ihn zu entsorgen.
Derzeit schreitet die Desertifikation als Folge der Verschuldungskrise in Afrika beschleunigt voran. Als unsere Regierungen Anfang der achtziger Jahre erkannten, daß der Entwicklungsweg, den wir nach der Unabhängigkeit eingeschlagen hatten, korrekturbedürftig war, fiel dies in den Beginn der schweren Wirtschaftskrise, die sich vor allem als wachsendes Verschuldungsproblem äußert. In der Mehrzahl afrikanischer Länder fließen mehr als 50 Prozent der Einkünfte aus Exporten in die Schuldentilgung. Das bedeutet, daß dieses Geld nicht für politische Maßnahmen zur Verfügung steht, die dazu dienen könnten, den fortschreitenden Verlust an Vegetation, an menschlichem Leben und das Anwachsen der Armut aufzuhalten. Statt den Kampf gegen die Ernährungskrise, die Millionen Menschen Hunger und Tod bringt, aufzunehmen, sind die meisten Regierungen damit beschäftigt, Devisen aufzutreiben, um die Auslandsschulden abzutragen. Das hat zu Verelendung geführt, die nicht nur die Ärmsten betrifft, sondern auch die Mittelklassen, denn die Strukturanpassungsprogramme, die uns verordnet wurden, haben eine Senkung der Realeinkommen bewirkt.
Eine große Debatte findet statt, wie in Afrika die Landwirtschaft in einer Weise verändert werden kann, die nicht umweltschädlich ist. Die Schuldenlast und der Zwang zur Devisenerwirtschaftung nötigen Menschen jedoch, weiterhin umweltzerstörerische Praktiken zu betreiben und sogar neue aufzunehmen, wie z.B. Bäume zu schlagen. Deshalb besteht eine direkte Verbindung zwischen dem, was im Weltmaßstab in Sachen Ressourcenverteilung geschieht, und dem, was in den privaten Haushalten geschieht. Aus der wachsenden Armut folgt,

daß die Möglichkeiten eines alternativen Lebensunterhalts immer beschränkter sind. So haben Frauen z.B. auch keine andere Möglichkeit, als ihren Energiebedarf zeitaufwendig und umweltschädlich durch Holz oder Hokzkohle zu decken.
Zwar wird das Problem der Abholzung in Lateinamerika und Asien heftig diskutiert, aber Afrika hatte in den achtziger Jahren die höchste Rate der Abholzung gemessen am vorhandenen Waldbestand. So hat z.B. Nigeria, das größte afrikanische Land, einen ca. 9o prozentigen Verlust seines Baumbestands erlebt mit weitreichenden Ausstrahlungen auf die gesamte Umwelt.

Frauen zahlen den höchsten Preis

In den siebziger Jahren erkannten Frauen nicht nur die schädlichen Auswirkungen der Entwicklung, wie sie überall praktiziert wurde, sondern haben weltweit, und besonders in Afrika, den extremen Arbeitseinsatz dokumentiert, den Frauen in der Landwirtschaft und im Haushalt erbringen, sowie ihren Beitrag zum Haushaltseinkommen.
Damals war die Devise der Frauenförderung, daß Frauen vor allem Einkommen fehlte. Deshalb wurden viele einkommenschaffende Projekte für Frauen begonnen, ohne daß gefragt wurde, was die Frauen vorher gemacht haben. Jetzt mußten die Frauen zusätzlich zu ihrer Hausarbeit, die in Afrika extrem hart ist, noch Erwerbsarbeit verrichten. Deshalb waren sie gezwungen, die Nahrungsmittelproduktion zu vernachlässigen und Lebensmittel zu kaufen. Auf diese Weise wurde ihre Abhängigkeit vom Markt geschaffen, obwohl sie vorher selbstversorgend waren. Wenn man sich aber ihr Einkommen und die nun anfallenden Ausgaben auf dem Markt ansah, dann waren sie Netto-Verliererinnen.
Trotzdem hat die Chance, ein eigenes Einkommen - häufig das erste in ihrem Leben - zu verdienen, ein neues Selbstvertrauen geschaffen. Jetzt wissen Frauen, daß sie in Zukunft für eine Lösung ihrer existenziellen Probleme auf sich selbst bauen müssen. Dieses Selbstvertrauen ist die erste wichtige Ressource, die Frauen brauchen.

Folge von Desertifikation auf der einen und Schuldentilgung auf der anderen Seite ist, daß der Arbeitsdruck für Frauen nun noch einmal gewachsen ist. Ironischerweise führt die derzeitige Sensibilisierung, daß Umweltfragen notwendig Teil jeder Entwicklungsperspektive sein müssen, zu einer neuen Belastung für Frauen. Z.B. in der Agroforstwirtschaft wird so getan, als wäre Frauenarbeit frei verfügbar, um nun in wieder ein anderes Entwicklungsprojekt gesteckt zu werden. Die Sorge für die Umwelt, ohne gleichzeitig von existierenden sozialen Beziehungen auszugehen, bewirkt letztlich eine weitere Verschlechterung der Lebenssituation von Frauen und verhindert bessere Lebenschancen.

Frauen sind gezwungen, verschiedene Erwerbsarbeiten zu übernehmen, um das Überleben ihrer Kinder zu sichern. In der städtischen Ökonomie, die ihnen wenig Möglichkeiten eröffnet, sind viele genötigt, Sexualkontakte mit verschiedenen Männern zu unterhalten. Sie sind in besonderem Maße aidsgefährdet, weil sie im Rahmen des bestehenden Geschlechterverhältnisses keine Macht haben, die Männer zu "sicherem Sex" zu zwingen. "Sicherer Sex" wird von den Männern als "unafrikanisch" betrachtet, weil es die jetzt existierende Idee von Männlichkeit in Frage stellt, nach der es die Männer sind, die die sexuellen Umgangsformen bestimmen. Das hat zu der besonderen Situation in Afrika geführt, daß inzwischen mehr Frauen als Männer HIV-infiziert sind.

Auswirkungen der ökonomischen und ökologischen Krise wie Beendigung des Schulbesuchs von Kindern und Verschlechterung des Gesundheitszustands will ich hier nur erwähnen und nicht weiter ausführen.

Wichtig ist aber für Frauen, daß hinzu kommt, daß Umweltdegradierung und die Zerstörung der wirtschaftlichen Existenzgrundlage armer Leute eine Ursache für wachsende Gewalt in den Familien sind. Wir lesen täglich davon in unseren Zeitungen. Weil Menschen mit extrem wenig Mitteln überleben müssen und ihre Möglichkeiten, auf die makro-ökonomische Situation Einfluß zu nehmen so gering sind, entlädt sich ganz offenbar diese Spannung in den Haushalten in Gewalt

und auch, indem Menschen häufiger Zuflucht zu Alkohol nehmen als früher.
So sind Frauen mit zusätzlicher Verantwortung innerhalb der Familien, die über sehr wenig Mittel verfügen, belastet worden. Dadurch haben sie auch patriarchale Strukturen in Frage gestellt. Die Antwort war jedoch keine Veränderung der sozialen Beziehungen, sondern eine Verschärfung der bestehenden patriarchalen Verhältnisse in den Haushalten.
Verwirrend ist nun, daß internationale Organisationen, die angeblich dafür da sind, Umwelt- und Entwicklungsprobleme zu lösen, nicht sehen, daß es nicht darum gehen kann, Umwelt einfach an schon bestehende Projekte anzuhängen, deren unzulängliche Planung längst hinreichend bekannt ist. Sondern daß es darum geht, darüber zu grübeln, was mit der ganzen Idee von Entwicklung schief gelaufen ist, mit der ganzen Idee von Wachstum, die riskiert, die Umwelt und das Leben von Menschen zu vernichten. Statt uns völlig umzuorientieren und damit zu beginnen, das Leben der Menschen qualitativ zu verändern, sind wir immer noch in der Wachstumslogik als Stimulus für alles gefangen. Das wird die Situation nur noch verschlechtern. Wenn unsere Wirtschaftspolitik sich darauf konzentriert, Devisen zu erwirtschaften, machen wir mit dem weiter, wovon wir wissen, daß es schädlich für die Menschen und für die Umwelt ist.
Umweltprojekte haben sich hauptsächlich darauf konzentriert, Bäume zu pflanzen. Das allein ist überhaupt keine Lösung, sondern nur eine Bandage für die kranke Umwelt. Der Ansatz der Projekthäppchen, von dem wir sicher sind, daß er Frauen schadet, bedeutete in der Vergangenheit, daß Maßnahmen zur Einkommenserhöhung Frauen Mehrarbeit gebracht haben, ohne ihnen zwangsläufig mehr Ressourcen zu verschaffen oder ihren Status zu verbessern. Eine stärkere Beachtung von Frauen als Lösung für Entwaldungsprobleme bedeutet höchstwahrscheinlich eine zusätzliche Belastung für Frauen ohne ihre Stellung zu verbessern.
Das Problem, vor das uns die Umweltzerstörung stellt, ist, Frauen nicht mit einer weiteren Aufgabe unter dem Banner des Umweltschutzes zu

belasten, sondern darüber nachzudenken, wie wir auf der einen Seite soziale Beziehungen und auf der anderen Seite politische Beziehungen umstrukturieren können. Frauen in Afrika beginnen zu begreifen, daß Umweltzerstörung ihr Überleben und die Zukunft ihrer Kinder sehr existentiell betrifft. Es war immer die historische Rolle von Frauen, nicht nur für diese Generation zu sorgen, sondern auch für die nächsten. Frauen sind im umfassenden Sinne die Produzentinnen zukünftiger Generationen.

Demokratisierung als Chance

Mit das Aufregendste, was derzeit in Afrika passiert, ist der Demokratisierungsprozeß. Gleich wie begrenzt er ist, gibt er mehr Hoffnung als alles, was wir in den achtziger Jahren erlebt haben. In den nationalen Konferenzen hatten die Leute die Chance, kritisch zu diskutieren, was in Afrika in den vergangenen zwanzig Jahren passiert ist, was die Regierungen getan haben und was nicht. Und in den Ländern, wo die Umweltzerstörung zunehmend beängstigend wird, haben die Menschen darüber diskutiert, wie wir unsere eigenen Ressourcen verschleudert haben und wie wir dazu zurückgekehrt sind, sie hochzuschätzen.

Die junge Generation hat begriffen, daß Unabhängigkeit noch nicht automatisch Kontrolle über unsere eigenen Ressourcen bedeutet und Selbstbestimmung darüber, wie wir unser gesellschaftliches Leben organisieren wollen. Obwohl wir nun einheimische statt kolonialer Führer hatten, haben wir weiterhin von außen gesetzten Prioritäten gehorcht. Diese Erkenntnis hat die Leute verändert. Sie fragen sich jetzt: was heißt es, AfrikanerIn zu sein? Nicht nur einfach, dort zu leben, sondern auch unsere eigenen Ressourcen zu kontrollieren und wertzuschätzen. Denn seit der Kolonialzeit haben wir gelernt, alles, was afrikanisch ist, gering zu schätzen und alles, was ausländisch ist, hochzuschätzen. Zum ersten Mal lernen wir zu schätzen, was Afrika ist, und welche Verantwortung wir dafür jetzt und in der Zukunft haben. Das erste konkrete Ergebnis der Demokratisierung ist, daß wir auf diesen Kontinent sehen, den wir den unseren nennen, und uns fragen, wie können wir unsere Ressourcen angemessen bewerten und so nutzen, daß das Volk wirklich davon profitiert. Es ist eine Wendepunkt in unserer Geschichte, daß diese Debatte stattfindet.

Aber Demokratisierung in Afrika ohne Demokratisierung weltweit bleibt eine sehr beschränkte Veränderung. Denn wir wissen, daß die, die über die Macht im Weltmaßstab verfügen, demokratische Transformation blockieren können. In Sachen Umweltschutz ist dies sehr deutlich.

Ich befürchte auch, daß die Global Environmental Facility[1] dazu führen wird, daß Afrika und der Dritten Welt als Ganzer noch mehr Konditionen bei der Mittelvergabe auferlegt werden. Es bedeutet, daß diese finanzielle Institution bzw. die Weltbank entscheidet, welche Umweltprobleme in den Ländern in Angriff genommen werden sollen, und weder die Regierungen noch die Menschen, die in den betroffenen Gebieten leben.

Die soziale Gruppe, die dabei am wenigsten Lobby hat, sind arme Frauen. So würde eine Mittelvergabe für Umweltprobleme, die die Arbeit von Frauen nicht notwendig erleichtert, bedeuten, daß Frauen wieder einmal für ihre eigenen Belange Mittel auf nationaler und internationaler Ebene verloren gehen.

* * *

Ich wollte die Themen der alarmierenden Umweltzerstörung mit der Mittelverteilung an Länder und den Haushaltsressourcen sowie den Machtverhältnissen in den Familien verknüpfen. Aber ich möchte nicht mit einem völlig negativen Bild enden.

Wir in Afrika haben zwar einen hohen Preis dafür bezahlt, aber jetzt haben die Menschen erkannt, daß sie erstens gegen all diese Probleme etwas tun können und zweitens, daß sie nicht länger auf ihre

---

1 Die Global Environmental Facility, GEF, angesiedelt bei der Weltbank, wurde auf dem Erdgipfel in Rio als zentrales Finanzierungsinstrumentarium für zukünftige globale Umweltpolitik bestimmt.

Regierungen oder internationale Organisationen warten und vertrauen können, um ihre Probleme zu lösen. Vielerorts sieht man deshalb eine Zivilgesellschaft entstehen, die versucht, die Probleme selbst in Angriff zu nehmen, durch neue Gruppierungen und Organisierung.
Die Tatsache, daß all diese Probleme immer wieder die schwierigen Bedingungen, unter denen Frauen arbeiten und den Kontinent ernähren, verdeutlicht haben, hat auf der anderen Seite eine neue Wertschätzung der menschlichen Ressource mit sich gebracht, die bis jetzt entwertet wurde. Ich möchte also keine ganz negative Perspektive zeichnen, denn Frauen werden sich der Tatsache bewußt, daß bei der Vergabe von Mitteln auf globaler und nationaler Ebene die Tendenz besteht, Frauen zu vergessen. Es ist ihre Sache, jetzt zu fordern, daß ihnen erstens Ressourcen zukommen, die ihre Bedürfnisse tatsächlich befriedigen, und diese zweitens die Umwelt wirklich schützen, für die zukünftige Generation und für sie selbst.

Vortrag, gehalten bei "Planeta Femea" auf dem Global Forum in Rio am 5.6.1992, ergänzt um Aussagen in einem Interview.
Übersetzung: Christa Wichterich

DOKUMENTATION

Überblick über UN-Konferenzen und Seminare

1972	Konferenz über Mensch und Umwelt	Stockholm
1974	1. Weltbevölkerungskonferenz	Bukarest
1975	1. Weltfrauenkonferenz	Mexiko
1980	2. Weltfrauenkonferenz	Kopenhagen
1984	2. Weltbevölkerungskonferenz	Mexiko
1985	3. Weltfrauenkonferenz	Nairobi
Aug. 1990	1.PrepCom-Treffen UNCED	Nairobi
März 1991	2.PrepCom-Treffen UNCED	Genf
	NGLS: Frauen, Umwelt, Entwicklung	Genf
	UNCED/UNICEF/UNFPA: Women and Children First	Genf
Aug. 1991	3.PrepCom-Treffen UNCED	Genf
Nov. 1991	UNEP/WorldWIDE: Global Assembly - Women and the Environment	Miami
	World Women's Congress for a Healthy Planet	Miami
März 1992	4.PrepCom-Treffen UNCED	New York
Juni 1992	UNCED + Global Forum	Rio de Janeiro
1994	3.Weltbevölkerungskonferenz	Kairo
1995	4.Weltfrauenkonferenz	Peking

Weltfrauenkongreß für einen gesunden Planeten
Miami, 12.November 1991

Women's Action Agenda 21 (Frauen-Aktions-Plan 21)

Weltweit sind Menschen schockiert über die sichtbare Zerstörung der lebensspendenden Systeme der Erde. Wir, Frauen aus vielen Ländern, sind zusammengekommen, um unserer Besorgnis um die Gesunderhaltung und das Wohlergehen unseres lebendigen Planeten und all seiner Lebensformen Ausdruck zu geben.

Wir sind hier als einige wenige Privilegierte, aber wir sprechen im Namen derer, die nicht mit uns sein konnten: der Millionen von Frauen, die täglich Gewalt, Armut, Umweltzerstörung und die Ausbeutung ihrer Arbeitskraft und ihrer Körper erfahren, Folge einer Weltwirtschaftsordnung, die menschliches und ökologisches Wohlergehen dem Interesse des Kapitals unterordnet.

Wir haben einander zugehört, was eine jede über die Krankheiten unserer Gesellschaften, unserer Familien und unserer heiligen Natur zu sagen hatte. Wir haben neue Kraft geschöpft aus dem Mut und dem Engagement unserer Schwestern auf der ganzen Welt, die unser natürliches Erbe schützen und wiederherstellen. Doch wir wissen auch, daß ihre Bemühungen vergeblich sein werden, solange die Natur weiterhin verschmutzt, übernutzt und ihre Integrität mißachtet wird.

In einer Welt, in der die Natur und die Frauen systematisch von der Ideologie eines sogenannten "freien Marktes" ausgenutzt werden, kann es keine ökologische Sicherheit geben.

RegenwaldbewohnerInnen, Inselvölker, BewohnerInnen labiler Trockengebiete oder arktischer Zonen sind von Vertreibung und Enteignung bedroht, weil verletzliche Ökokreisläufe von Menschen unterbrochen und verschmutzt werden. In einer Welt, die solche Praktiken gutheißt, bleibt wenig Hoffnung auf langfristiges Überleben oder auf Frieden zwischen den Völkern.

Wir sind der Überzeugung, daß eine gesunde und lebenserhaltende Umwelt nur möglich ist, wenn Menschenrechte, partizipatorische Demokratie und das Selbstbestimmungsrecht von Völkern respektiert, indigene Völker und ihre Lebensräume, Kulturen und

Traditionen und der Schutz aller Arten geachtet werden.

Wir sind der Überzeugung, daß zu den menschlichen Grundrechten auch der Zugang zu sauberer Luft und sauberem Wasser, Nahrungsmitteln, Obdach, Gesundheit und Wohlbefinden gehört. Diese Rechte werden gegenwärtig Millionen von Menschen, wovon die überwiegende Mehrheit Frauen sind, verweigert.

Wir sind tief erschüttert über das wachsende Ungleichgewicht zwischen der Lebensqualität der Menschen in den industrialisierten Ländern und jener der Menschen in den sogenannten Entwicklungsländern. Wir sind entsetzt über die großen Unterschiede in der Ernährung unserer Kinder, ihrem Wohlbefinden, ihrer Erziehung und ihren Perspektiven für ein erfülltes und produktives Leben. Wir verurteilen den Rassismus und den fehlenden Respekt von unterschiedlichen Kulturen, aus denen dieses Ungleichgewicht sich nährt.

Wir setzen den mangelnden politischen und individuellen Willen der Machthabenden dieser Welt, zur großen Mehrheit Männer, gleich mit einem Mangel an grundsätzlicher Moral und spirituellen Werten und mit dem Fehlen jeglichen Verantwortungsgefühls für die künftigen Generationen.

Das gängige Eintwicklungsmodell, gründend auf Wirtschaftswachstum und lächerlichen Rüstungsinvestitionen, hat menschliche und ökologische Mißstände und Zerstörung gebracht. Schrankenloser Konsumismus in den Industrienationen führt zu ungerechter Ausbeutung der menschlichen und natürlichen Ressourcen der armen Nationen, was darin resultiert, daß Regierungen und politische Prozesse für den Profit einiger weniger instrumentalisiert werden.

Wir kommen zusammen, um unserem Engagement für den Machterwerb der Frauen Ausdruck zu geben, als der zentralen und treibenden Kraft auf der Suche nach Gleichberechtigung zwischen diesen und den natürlichen Lebensgrundlagen, die uns alle erhalten.

Wir verfassen unser Aktionsprogramm im Namen unserer Familien und der kommenden Generationen.

Wir rufen alle Frauen und Männer auf, sich diesem Appell für einen tiefgreifenden und unverzüglichen Wandel des menschlichen Wertesystems und der menschlichen Tätigkeiten anzuschließen.

Aktionen: Vielfalt und Solidarität

Im Wissen, daß keine nationale Souveränität und keine Staatsgrenzen der Natur Schranken setzen können und daß die Umweltzerstörung global ist;

aufgrund unserer Beobachtung der weltweiten sozialen und ökologischen Folgen einer Entwicklung, die einzig auf Wirtschaftswachstumsmaßnahmen basiert;

in Anerkennung der schöpferischen Vielfalt unserer Kulturen, Klassen, Rassen und der Ökosysteme und politischen Strukturen, in denen wir leben;

in der Überzeugung, daß den indigenen Völkern der Erde ihre menschlichen Grundrechte oder die Anerkennung ihrer Beiträge zur Kultur lange Zeit vorenthalten wurden;

im Wissen, um die engen Bande, die Frauen, Wirtschaft, Umweltpolitik, Entwicklungsstrategien, soziale Gerechtigkeit und das Überleben aller Arten miteinander verknüpfen,

werden wir die Prinzipien dieses Aktionsprogramms verbreiten und Menschen überall dazu ermutigen, seine Empfehlungen mit politischen und ökonomischen Mitteln in Realität umzusetzen;

werden wir alle, die für diese Prinzipien einstehen, gegenüber jenen Kräften verteidigen, die sie zum Schweigen bringen möchten oder sich ökologischer und sozialer Gerechtigkeit in den Weg stellen;

werden wir für Frauen und für Männer volle und gleichberechtigte Beteiligung an der Erstellung öffentlicher politischer Analysen, an Regierungen und Entscheidungsgremien, bei der Umsetzung, in der Verwaltung und in Fragen der Geldanlage auf internationaler, nationaler und lokaler Ebene fordern;

fordern wir einander dringend auf, darauf hinzuarbeiten, daß wir in politischen Entscheidungspositionen auf Regierungs- und Nichtregierungsebene eine kritische Masse erreichen, unter Anwendung der 60/40-Quotenregelung (nicht mehr als 60 Prozent und nicht weniger als 40 Prozent des einen oder anderen Geschlechts) als Weg zu unserem Machtgewinn;

verlangen wir von allen Regierungen die Erfüllung der Forderungen der Nairobi Forward Looking Strategies und der UNO-Konvention über die Beseitigung aller Formen von Diskriminierung gegen Frauen (CEDAW);

werden wir ein Komitee organisieren, das Frauenaktionen öffentlich bekannt machen, koordinieren und unterstützen wird, indem es Kurzberichte herausgibt über den Stand der Dinge auf dem Weg zu einer gesunden Entwicklung der dörflichen, regionalen oder nationalen

Gemeinschaften.

Schuld und Handel

Im vollen Bewußtsein, daß die Industrieländer bis heute Nettoprofiteure der Ausbeutung der reichen Ressourcen des Südens waren,

angesichts der verheerenden sozialen, ökologischen und ökonomischen Folgen der internationalen Kreditpraktiken und der herrschenden Austauschverhältnisse zwischen industrialisierten und nichtindustrialisierten Ländern,

betroffen von den negativen Auswirkungen der Strukturanpassungspolitik des internationalen Währungsfonds und der Weltbank auf die Armen, insbesondere die Frauen,

beschämt durch den Kapitalfluß aus armen Ländern in die Bankensysteme der reichen Länder und

in Anerkennung der schlimmen Folgen dieser Praktik für arme Familien im Süden und für die natürlichen Ressourcen, von denen wir alle abhängen,

fordern wir sofortigen offiziellen Schuldenerlaß;

werden wir hinarbeiten auf eine Streichung der Handelsschuld mittels Mechanismen im Sinne der Unternehmens-Konkursgesetze;

werden wir keine Geschäfte mit Banken mehr abwickeln, die nicht bereit sind, Schuldenrückzahlungen von Ländern des Südens neu zu regeln;

werden wir jene dept-for-nature-Swaps ablehnen, die die Souveränität und die Rechte indigener Völker auf Land und auf Selbstbestimmung bedrohen und nicht einer breiten öffentlichen Debatte unterzogen werden;

werden wir jene, die im Namen ihrer Völker Geld aufnehmen, persönlich für die sozialen und ökologischen Folgen dieser Kredite für haftbar erklären;

verlangen wir die Rückweisung von Strukturanpassungsmaßnahmen (SAP), die die Verantwortung für grundlegende soziale Aufgaben von den Regierungen auf Frauen abschieben, die weder dafür bezahlt noch darin unterstützt werden;

verlangen wir den Abbau aller ungerechten Handelsschutzmaßnahmen des Nordens gegen den Süden;

verlangen wir, daß neue Austauschverhältnisse verhandelt werden, die eine gerechte Beziehung zwischen den Rohstoffpreisen und den Preisen von Fertigprodukten gewährleisten;

verlangen wir ein umfassendes Exportverbot für Produkte, deren Konsum (oder Vernichtung) im oder vom Herstellerland verboten wurde;

schlagen wir vor, historische volkswirtschaftliche Rechnungsprüfungen (von 1945 an) zu veranlassen, um zu belegen, wer von der Ausbeutung natürlicher Ressourcen netto profitiert hat; eine solche Veranlagung könnte als Basis für die Streichung der laufenden Schulden dienen.

Allgemeiner Ethik-Kodex

Angesichts der herrschenden Doppelmoral und Doppelethik in Fragen der Umwelt, der Entwicklung, der Beteiligung von Frauen und der weltweiten sozialen Gerechtigkeit;

enttäuscht darüber, daß politische Planer und Staatsmäner alle ihre großen ökonomischen und ökologischen Entscheidungen auf ein höchst unzulängliches Instrumentarium (nämlich nationale Buchhaltungen) abstützen,

werden wir auf die Verabschiedung eines internationalen Umweltverhaltenskodex für Handel und Industrie, für Regierungen, UNO-Agenturen und Nichtregierungsorganisationen hinarbeiten, der auch Regeln über den Umgang mit Bio- und Gentechnologie enthält;

werden wir Kontrollsysteme organisieren, um Institutionen und Staaten für ihre Handlungen, Produkte und politischen Entscheidungen haftbar zu machen;

verlangen wir eine neue Berechnungsgrundlage für Volkseinkommensrechnungen, in der auch das Verhältnis zwischen konstruktiver und destruktiver Produktion deutlich wird;

lehnen wir jede finanzielle Quantifizierung der Umwelt und Kommerzialisierung von "freien Geschenken der Natur" kategorisch ab;

verlangen wir qualitative Indikatoren für die Umwelt;

verlangen wir Studien über den Zeitaufwand von Frauenarbeit (Haushalt, Heimarbeit, Subsistenzlandwirtschaft, Kinder- und Altenpflege, freiwillige Gemeindearbeit);

fordern wir von Regierungen, Weltbank, internationalen Währungsfonds (IMF) und Kreditagenturen, daß sie ökologische Kostenveranlagungen vornehmen, an denen jeder Vorschalg gemessen werden muß, bevor der Kredit implementiert wird;

werden wir für neue internationale Rechtsgrundsätze einstehen, die unter anderem eine strikte Haftpflicht für ökologische Schäden sowie friedliche Streitschlichtungsmechanismen zur Kompensation der Opfer festschreiben.

Landrechte und Ernährungssicherung

In Kenntnis der Tatsache, daß wichtige Gründe für die soziale Ungerechtigkeit, für die Armut von Frauen und ihrer Kinder, für Obdachlosigkeit, Umweltzerstörung und für die Enteignung indigener Völker bei den höchst ungerechten Pacht-und Grundbesitzungsverhältnissen liegen und

in Kenntnis der Tatsache, daß Grundbesitz und -kontrolle immer mehr polarisiert werden;

im Wissen, daß die gegenwärtigen Strategien in der Landwirtschaftspolitik, im Norden wie im Süden, ortsverbundene Gemeinschaften entwurzeln und vertreiben und Boden, der der Nahrungsmittelproduktion diente, für die Exportproduktion mißbrauchen;

im Wissen, daß in vielen Gemeinschaften die Ernährung der Familie davon abhängt, daß die Frauen Nahrungsmittel für die Familie und den einheimischen Markt produzieren können, und daß der Zugang von Frauen zu Nahrungsmitteln und zu Pacht oder Grundbesitz als grundlegendes Menschenrecht betrachtet werden muß, weil Frauen und Kinder eine Mehrheit der geschätzten Milliarde von Menschen ausmachen, die weltweit jeden Tag hungern müssen,

werden wir die UNO, Regierungen und Nichtregierungsorganisationen aufrufen, erstens diskriminierende Praktiken einzustellen, die den Zugang von Frauen zu Boden und anderen Ressourcen behindern, zweitens Mittel dort aufzustocken, wo sie zur Sicherstellung der Ernährung beitragen, und drittens angepaßte Technologien bereitzustellen, die den Frauen ihre Arbeit erleichtern;

werden wir bemüht sein, auf die Umweltschäden aufmerksam zu machen, die durch Bodennutzungstechnologien entstehen, die auf kurzfristigen Profit ausgerichtet sind und zu Lasten einer langfristigen Erhaltung und Produktivität des Bodens gehen;

werden wir nach Wegen suchen, um die landwirtschaftliche Forschung, einheimische Nahrungsmittel und die Bewahrung der lokalen Artenvielfalt zu fördern.

Biotechnologie und Bio-Vielfalt

Bestürzt über Zerstörung von Lebensräumen und Ökosystemen, die Millionen von Arten, mit denen wir die Erde teilen, eine Heimat boten und

angesichts des tragischen Verschwindens vieler Arten, von denen unser interdependentes Ökosystem abhängt;

in Anerkennung des wertvollen Wissens über Pflanzen und Tiere, das indigene Völker pflegen und weitergeben;

im Wissen um die Bemühungen kommerzieller Interessen des Nordens, die Kontrolle über das natürliche Erbe der Artenvielfalt des Südens mittels Genbanken ansich zu reißen;

im Bewußtsein, daß die Freisetzung genmanipulierter Organismen in die Natur eine Bedrohung für die Bio-Vielfalt ist,

bestehen wir darauf, daß das UNCED-Abkommen über biologische Vielfalt auf die Risiken der Biotechnologie und auf die Bewahrung der Artenvielfalt eingeht;

verlangen wir die sofortige und direkte gesetzliche Regelung von Forschung und Entwicklung im Bereich der Biotechnologien;

empfehlen wir, daß Tests und Freisetzungsversuche von Organismen nur im Herstellerland vorgenommen werden dürfen, und daß biotechnologische Produkte, die noch nicht genehmigt oder im Herstellerland mit Beschränkungen belegt wurden, nicht in andere Länder verkauft werden dürfen;

empfehlen wir, daß keine lebenden Organismen patentiert werden dürfen, um den Süden vor der kommerziellen Ausbeutung seiner genetischen Ressourcen zu schützen;

werden wir uns einsetzen für ein Verbot des Rinderwachstumshormons (BGH) und für einen Boykott von Milchprodukten mit diesem Hormon;

empfehlen wir, daß neue Technologien nicht nur nach Kriterien der Effizienz und der Sicherheit, sondern auch nach solchen ihrer sozialen und ökonomischen Folgen bewilligt werden;

fordern wir, daß die Risiken der Biotechnologie breit und in klarer, auch für LaiInnen verständlicher Sprache bekannt gemacht werden;

werden wir indigene Völker in ihren Bemühungen, ihre natürliche Umwelt zu schützen, unterstützen.

Information und Erziehung

In der Überzeugung, daß der Zugang zu ungefilterter Information über die Qualität der Umwelt, in der wir leben, ein menschliches Grundrecht ist;

im Wissen um die Gefahr, daß die Medien von Kräften dominiert werden, die eine Weltsicht verbreiten, der kulturelle Vielfalt und Integrität nichts bedeutet;

in der Überzeugung, daß wir nur mit einer breiten Aufklärung über Umwelt- und Entwicklungsfragen fähig sein werden, die Herausforderung der ökologischen Katastrophe anzugehen;

im Wissen, daß Informationen über die Umwelt- und Gesundheitsfolgen von militärischen und industriellen Nebenprodukten oft aus Gründen der nationalen Sicherheit oder des Eigentums als geheim eingestuft werden,

fordern wir die Medien auf, gemeinsam mit uns die Prinzipien dieses Aktionsprogramms zu fördern;

verlangen wir, daß die UNO alle die Umwelt bedrohenden Aktivitäten von Regierungen kontrolliert, einschließlich Weltraum- und Unterwasserversuche, und die Weltöffentlichkeit über solche Aktivitäten informiert;

werden wir uns bemühen, formelle und informelle Informationssysteme und Formen des Austauschs zu schaffen und zu fördern, die sich an den Prinzipien der Offenheit und der Inklusivität orientieren: das heißt, die Mehrheit der BürgerInnen zu Wort kommen lassen, um über Verletzungen der Menschen- und Umweltrechte zu berichten;

empfehlen wir allen Ländern, auf Primar- und Sekundarstufe Umwelterziehung einzuführen, einschließlich Ökologie, KonsumentInnenerziehung und Permakultur;

werden wir uns in unseren Schulen und in informellen Lerngruppen für umweltethische Bildung einsetzen, um die Harmonie zwischen allen lebendigen Systemen und die Solidarität zwischen den Völkern zu fördern;

werden wir in aller Deutlichkeit die Errichtung einer Nichtregierungsorganisation unterstützen, deren Mandat und Tätigkeit in Bezug auf Umweltprobleme und Umweltrechte ähnlich wäre wie dasjenige von *amnesty international.*

Frauen, Militarismus und Umwelt

Im Bewußtsein, das Rüstungsausgaben, Waffenhandel und bewaffnete Konflikte Millionen von Menschen ihrer Sicherheit und des elememtarsten Wohlstands berauben;

im Wissen um die verheerenden Umweltfolgen aller militärischen Aktivitäten, inklusive Forschung,

Entwicklung und Produktion von Waffen,Tests,Manöver, Betrieb von Militärbasen, Lagerung von toxischen Stoffen, Transport und Verbrauch von Ressourcen;

angesichts der Tatsachen, daß die Erforschung und Anwendung von Waffen, einschließlich chemischer, biologischer und atomarer, erheblich zu Umweltzerstörung, Genmutationen, Krankheit und Tod beiträgt;

im Wissen, daß Militarismus oft zur Besetzung von Boden und zur Mißachtung von Menschen- und Umweltrechten führt;

fordern wir die sofortige Abrüstung und Vernichtug der nuklearen Arsenale und den sofortigen Atomwaffenteststop;

fordern wir die Einstellung von Weltraumaktivitäten und Überschallflügen, die die Ozonschicht gefährden oder Kohlendioxid abgeben;

verlangen wir dringend eine sofortige Reduktion der Militärausgaben um 50 Prozent;

fordern wir die Schaffung von nationalen, zivilen Kommissionen mit 50 Prozent Frauenanteil, die alle militärischen Tätigkeiten, Ausgaben sowie militärische Forschung und Entwicklung dem Volk zur Kontrolle unterbreiten sollten;

fordern wir, daß nationale Armeen umgewandelt werden in Umweltschutzgruppen, deren Aufgabe es wäre, Schäden an natürlichen Systemen zu eruieren und wiedergutzumachen, inklusive Reinigung der Militärbasen, und die verfügbar wären, um BürgerInnen in Zeiten von natürlichen oder von Menschenhand verursachten Katastrophen Hilfe zu leisten;

verurteilen wir Regierungen, die ihre Armeen gegen die eigenen BürgerInnen einsetzen und damit Millionen von Menschen zu Flüchtlingen und Vertriebenen machen;

werden wir unsere Töchter und Söhne in der Erziehung ermutigen, sich dem Militärdienst zu entziehen, falls er Regierungen dient, die militärische Machtmittel zur Ausbeutung von Ressourcen oder Menschen anderer Nationen brauchen.

Wissenschaft und Technologie

In der Überzeugung, daß Wissenschaft und Technologie dem Wohl der Mehrheit und nicht dem Profit einer Minderheit der Menschen dienen sollte;

aufgrund der Beobachtung, daß sie im Gegenteil dazu verwendet wird, die Natur in ein Korsett zu zwingen, wodurch sie zugunsten kurzfristiger Rendite zur Zerstörung der Ökosysteme beiträgt;

als Zeuginnen der Entmachtung von Frauen durch ihren fehlenden Zugang zu angepasster und lebenserhaltender Technologie und durch die Geringschätzung ihres Erfahrungswissens, weil dieses nicht als wissenschaftlich betrachtet wird;

im Wissen, daß Frauen viel zu oft schon Opfer des Mißbrauchs wissenschaftlicher Forschungen und verfehlter Technologien wurden,

fordern wir dringend, die Verbindung von ethischen Werten mit wissenschaftlicher Forschung und Anwendung, und die Entwicklung von Kriterien für alle Technologien betreffend ihre Anpassung an die Bedürfnisse der Frauen und der Umwelt;

verlangen wir, daß jeder Technologietransfer daraufhin geprüft werden soll, ob er angepaßt ist und der Lebenserhaltung dient, mit besonderer Berücksichtigung der langfristigen Kosten und Nutzen für Menschen und Umwelt;

werden wir Kommunikationsstrategien zur Verbreitung von Informationen über die ausreichende bzw. mangelnde Anpassung bestimmter Technologien an Frauenbedürfnisse unterstützen und fördern;

werden wir Unterstützung dafür fordern, daß sich mehr Frauen und Mädchen für wissenschaftliche Ausbildungen - auch für die zunehmend verbreiteten Umweltwissenschaften - einschreiben;

fordern wir, daß Mittel für die Forschung und Entwicklung von angepassten Technologien und für die Weiterbildung von Frauen bereitgestellt werden;

fordern wir die UNO und die Regierungen dringend auf, ländliche und städtische Weiterbildungszentren zur Popularisierung umweltfreundlicher Technologien unter Frauen zu schaffen.

KonsumentInnen-Ethik und Aktion

Aufgrund der Erfahrung, daß Frauen mit ihrer Kaufkraft über ein Machtmittel verfügen, mit dem sie Druck auf die Geschäftswelt im Hinblick auf die Umweltverträglichkeit ihrer Produkte und ihres Verhaltens ausüben können;

im Wissen, daß Frauen sehr rasch in der Lage sind, Produkte oder Geschäfte zu boykottieren,

werden wir Industrien boykottieren, deren Praktiken oder Produkte irgendwo in der Welt der Umwelt oder der Gesundheit schaden;

werden wir uns für mehr Recycling einsetzen, unseren Konsum in jedem Bereich einschränken und nur umweltfreundliche Produkte kaufen;

werden wir Kampagnen zur Unterstützung umweltverträglicher Produktionsformen lancieren;

werden wir den Pro-Kopf-Energieverbrauch reduzieren mittels Förderung energiesparender Technologien sowie Forschung, Entwicklung und Finanzierung alternativer Energiequellen.

Neue Institutionen

In Erwartung eines Versuchs, neue Institutionen zu schaffen, mit denen man das globale Ökosystem in den Griff bekommen wil, ohne vom gängigen Wachstumsmodell abkommen zu müssen;

in der Überzeugung, daß diese Institutionen wohl nicht in erster Linie die langfristige Erhaltung der Artenvielfalt und der Ökokreisläufe zum Ziel haben würden;

im Wissen, daß neue Institutionen teuer wären und Gelder besser für die Wiederherstellung beschädigter Ökosysteme und die Unterstützung von deren BewohnerInnen aufgewendet würden,

fordern wir dazu auf, eine ständige UN-Umweltkommission mit der Kompetenz einer Ombudsstelle zu schaffen, die individuelle Klagen entgegennehmen und die Übereinstimmung mit den Prinzipien eines Internationalen Umwelt-Ethik-Kodex prüfen und diese stärken würde,

verlangen wir von allen Staaten und Unternehmen, die giftige Stoffe produzieren, daß sie ihre Giftabfälle auf dem eigenen Territorium lagern.

Bevölkerung, Frauenrechte und Gesundheit

Wir wissen, daß die wichtigsten Gründe der Umweltzerstörung bei Wirtschaftssystemen liegen, die Natur und Menschen ausbeuten und mißbrauchen, sowie bei der industriellen und militärtechnologischen Verschmutzung und Abfallproduktion. Wir sind empört über die Unterstellung, die Schuld liege bei der Fruchtbarkeitsrate von Frauen (euphemistisch als Bevölkerungsdruck bezeichnet).

Wer dieser Analyse nicht widerspricht, legt das Fundament für neue, von oben nach unten und demographisch geleitete bevölkerungspolitische Programme, die die menschlichen Grundrechte der Frauen, wie sie in der UN-Konvention über die Abschaffung aller Formen der Diskriminierung

(CEDAW) festgehalten sind, zutiefst verletzen;

im Wissen zudem, daß die Zahl einer Bevölkerung plus ihr Ressourcenverbrauch plus ihre Abfallproduktion ihren Einfluß auf die Umwelt bestimmen, stellen wir fest, daß ein Mensch in der industrialisierten Welt die weit größere Wirkung hat als einer in einem weniger wohlhabenden Land;

im Wissen daß das Recht auf eine gesunde Schwangerschaft und das freie Recht auf Abtreibung allgemeine menschliche Grundrechte sind, wobei wir betonen, daß laut Schätzung des World Fertility Survey 500 Millionen Paare gerne Familienplanung betreiben würden, aber keine Möglichkeit dazu haben;

beunruhigt über die Bedrohung weiblichen Lebens durch die Verbreitung des HIV-Virus und

aufgrund der Feststellung, daß die Fähigkeit von Frauen, sich selbst vor sexuell übertragbaren Krankheiten zu schützen und selbst zu bestimmen, wann und ob sie Kinder haben wollen, eine Voraussetzung für ihre Gesundheit, ihre Selbstbestimmung und ihre Ermächtigung ist,
verurteilen wir jeden Versuch, Frauen die freie Entscheidung für oder gegen eigene Kinder oder das Wissen über die Möglichkeiten, eine solche Entscheidung zu treffen, vorzuenthalten;

fordern wir eine frauenorientierte, von Frauen betriebene, umfassende Mutter- und Kind-Gesundheitspflege und Familienplanung, einschließlich des Rechts auf pränatale Pflege, auf sichere und legale freiwillige Verhütungsmittel und auf Abtreibung;

fordern wir Regierungen, multilaterale Agenturen und Geber-Organisationen dringend auf, ihre Investitionen zugunsten umfassender Mutter- und Kind-Gesundheitsdienste zu erhöhen und auch Männer in die Familienplanungskurse und -dienste miteinzubeziehen;

fordern wir, daß alle Regierungen ihre BürgerInnen systematisch über die Gefahr von AIDS aufklären und darüber informieren, wie eine Ansteckung zu vermeiden ist.

Aufgrund der Feststellung, daß Frauen und Kinder gegenüber krebserregenden chemischen Giftstoffen, Strahlen und Atomabfällen besonders empfindlich sind,

fordern wir Untersuchungen über die Anfälligkeit von Frauen und Kindern gegenüber krebserregenden Stoffen und verlangen Maßnahmen zur Entfernung all solcher Stoffe aus der Umwelt, überall;

fordern wir die Weltgesundheitsorganisation (WHO), die Internationale Arbeitsorganisation (ILO), die Welternährungsorganisation (FAO), nationale Regierungen, Gruppen und Vereine des öffentlichen Gesundheitswesens auf, vermehrt Anstrengungen zu unternehmen, um ökologische Berufsrisiken in Fabriken, Büros und auf dem Land zu vermeiden.

Empfehlungen an UNO-Agenturen

Regierungen sollten mehr finanzielle und sonstige Unterstützung an das UNO-Umweltprogramm (UNEP) leisten, welches Regierungen in der Erhebung umweltrelevanter Daten unterstützt, Studien und Bildungsprogramme anregt und globale Umweltmanagementaufgaben koordiniert. Sein Budget bedarf einer maßgeblichen Aufstockung auf ungefähr das Dreifache der gegenwärtigen 40 Millionen Dollar. Wir empfehlen dem UNEP, das Wissen und die Erfahrungen seines weiblichen Personals, seiner Beraterinnen und seiner Senior Women's Advisory Group durch eine konsequente Quotenpolitik in seinen politischen Entscheidungen vermehrt zu nutzen.

Geberländer sollten ihre Beiträge an UNIFEM, den einzigen multilateralen Fonds, der speziell dafür geschaffen wurde, den Fluß von Entwicklungsgeldern an Frauen in Niedriglohnländern zu verbessern, mit dem Ziel aufstocken, bis zum Jahr 2000 eine Höhe von 150 Millionen Dollar zu erreichen. Diese Geldmittel sind von grundlegender Bedeutung, wenn UNIFEM seine Katalysatorenrolle bei der Versorgung von Frauen mit Ressourcen bei ihrem Machtzuwachs ausbauen soll.

Wir fordern alle UNO-Agenturen dringend auf, sich mehr um den Einbezug von Frauenperspektiven auf allen Ebenen und in allen Programmen und politischen Strategien zu bemühen.

Speziell zur UNCED

Wir werden bei unseren nationalen Regierungen dafür eintreten, daß sie Frauen und VertreterInnen von indigenen Völkern und Basisbewegungen in ihre UNCED-Delegationen aufnehmen.

Wir werden Druck auf alle UNCED-TeilnehmerInnen ausüben, damit sie unsere Empfehlungen diskutieren, sie verabschieden und unsere Empfehlungen umsetzen.

Wir werden dieses Aktionsprogramm an unsere Regierungen, an NGO's, an multilaterale Entwicklungsagenturen, an führende Personen der Industrie- und Geschäftswelt und an unsere eigenen formellen und informellen Netzwerke verteilen, und wir werden Folge-Empfehlungen abgeben betreffend die Regierungs- und Nicht-Regierungsbeiträge an die UNO-Konferenz über Umwelt und Entwicklung.

Wir appellieren an die politischen MachtträgerInnen, die am 1992 Earth-Summit teilnehmen werden, eine Globale Klima-Konvention zu unterzeichnen, in der die Industrieländer sich zu einer Reduktion der Kohlendioxidemissionen um mindestens 20 Prozent bis ins Jahr 2000 verpflichten.

Wir wollen diese Empfehlungen als grundlegende Leitlinien für unsere Bemühungen um eine Verbesserung der Umweltqualität ab sofort und im Blick auf das 21. Jahrhundert verstanden wissen.

Dies ist eine Zusammenstellung der Arbeit, der Ideen und der Wertvorstellungen von 1500 Frauen aus allen Teilen der Welt, Nord und Süd, Ost und West. Sie spiegelt vier Tage Diskussionen in Arbeitsgruppen wider, deren Quintessenz nun in diesem Dokument festgehalten ist. Das Dokument entspricht nicht in allem der Sicht jeder einzelnen Teilnehmerin an diesem Prozess. Es ist als Herausforderung an uns selbst gemeint, eine sichere und lebenswerte Zukunft zu schaffen.

Aus dem Englischen übersetzt von Stella Jegher.

Erstes internationales Treffen von süd- und zentralamerikanischen Indiofrauen

Lima, Peru, 25.-27. März 1991

In den Gesetzen der verschiedenen Länder werden die Rechte der Indiofrauen und -kinder nicht anerkannt.

Die wichtige Rolle, die wir in unseren Gemeinschaften einmal gespielt haben, wurde durch die Folgen des "machismo"-Denkens beeinträchtigt.

Indiofrauen spielen eine bedeutende Rolle im Kampf um unsere kulturellen Rechte sowie in Entscheidungsprozessen. Unsere Arbeit wird jedoch häufig nicht anerkannt; wir werden sogar von anderen Frauen in unseren Organisationen ignoriert. Wir Indiofrauen halten uns für fähig, im politischen wirtschaftlichen, sozialen und kulturellen Bereich der verschiedenen Ländern verantwortungsvolle Positionen einzunehmen.

Wenn wir gezwungen sind, in die Städte abzuwandern, so hat dies manchmal den Vorteil, daß wir für die Rechte unseres Volkes arbeiten und unsere kulturelle Identität in einem fremden Umfeld stärken können. Wir können für unser Volk von Nutzen sein, und zwar nicht nur innerhalb, sondern auch außerhalb unserer Gemeinschaften.

Wir indigene Frauen sind sowohl im eigenen Heim als auch außerhalb physischen und psychischen Mißhandlungen ausgesetzt.

Frauen sind in einigen Indio-Organisationen nur unzureichend vertreten. Wir haben nicht die Möglichkeit, mit anderen Organisationen Kontakte zu pflegen; wir fühlen uns von anderen Organisationen, die vielleicht positive Erfahrungen mit struktureller und praktischer Partizipation gemacht haben, ausgegrenzt.

Zusammenkünfte indigener Frauen sind sehr nützlich, da wir Gedanken und Erfahrungen aus unseren verschiedenen Gemeinschaften austauschen können.

Von der spanischen Eroberung bis zur Gegenwart haben wir Indiofrauen bewiesen, daß wir uns organisieren und eigene Wege der Arbeit für unsere Gemeinschaften entwickeln können. Aus diesem Grund ist eine Organisation auf regionaler Ebene erforderlich, die die Indiovölker Mittel- und Südamerikas zusammenbringen kann.

Resolutionen

1. Wir fordern, daß die Regierungen der Länder unsere Existenz als indigene Völker mit territorialen, sozialen, kulturellen und politischen Rechten anerkennen.
2. Wir verurteilen die Vermarktung indigener Frauen durch die Industriestaaten, beispielsweise durch Sterilisationsprogramme und ihre Ausbeutung als billige Arbeitskräfte.
3. Wir verurteilen den Raub und die Vermarktung unserer Kinder und Jugendlichen durch die kapitalistischen Staaten.
4. Wir verurteilen die Plünderung unserer Gemeinschaften und den Raub unserer Rohstoffe. Wir Frauen sind Zeugen des dadurch über unsere Familien gebrachten Leids.
5. Wir fordern die Achtung und Anerkennung unserer kulturellen Ausdrucksformen: Sprache, Tänze, Musik etc.

Aktionsplan

1. Schaffung dauerhafter Kontakte zu den indigenen Frauenorganisationen und anderen Basisorganisationen;
2. Einrichtung von Ausbildungszentren für Indiofrauen in den Gemeinschaften unter Verwendung der Indiosprache;
3. Bemühen um eine effektive Mitwirkung der Indiofrauen in den Organisationen auf lokaler, nationaler und internationaler Ebene;
4. Einrichtung kultureller Workshops zur Unterrichtung unserer Kinder und zur Weitergabe und Förderung des Wissens der Älteren;
5. Forderung an die Regierungen der Länder, 20 Prozent der Staatshaushalte den in den Ländern lebenden Indiovölkern zur Verfügung zu stellen;
6. Unterstützung und Achtung der Ältestenräte und Einrichtung von Ältestenräten in allen Gemeinschaften;
7. Programme und Zusammenkünfte zur Erhaltung der indigenen Medizin, um das Wissen der Alten und Heilkundigen zu erhalten;
8. Wir appellieren an die Regierungen der süd-, mittel- und nordamerikanischen Staaten, den 500 Jahre währenden Widerstand der indigenen Völker gegen Landnahme, Plünderung, Völkermord und Ausbeutung anzuerkennen. Wir lehnen die Fünfhundertjahrfeier der sogenannten "Begegnung der zwei Welten" ab.

NRO-Vertrag über Bevölkerung, Umwelt und Entwicklung

Global Forum, Rio de Janeiro, Juni 1992

Präambel

Daß Frauen Macht gewinnen, um über ihr Leben selbst zu bestimmen, ist die Grundlage für alle Aktivitäten, die Bevölkerung, Umwelt und Entwicklung verbinden.

Wir verurteilen das Konzept der Kontrolle über den Körper der Frau durch Regierungen und internationale Institutionen. Wir verurteilen Zwangssterilisation, den Mißbrauch von Frauen für die experimentelle Erprobung von Verhütungsmitteln, und daß Frauen das Recht vorenthalten wird, selbst zu entscheiden.

Wir bekräftigen und unterstützen die Rechte von Frauen auf Gesundheit und Fortpflanzung und ihr Selbstbestimmungsrecht über ihren Körper. Wir fordern, daß Frauen, die Hälfte der Menschheit, die Macht erhalten, Selbstbestimmung und Empfängnisverhütung auszuüben und Familienplanung zu betreiben.

Die internationale Gemeinschaft muß bei der Behandlung der Probleme, die im Zusammenhang von Bevölkerung, Umwelt und Entwicklung entstehen, den Rahmen und die Grenzen respektieren, die von Ethik, Menschenrechten und demokratischen Prinzipien gesetzt werden; und sie muß dabei die Tatsache zur Kenntnis nehmen, daß ein Viertel der Weltbevölkerung - vorwiegend in den Industrieländern - mehr als 70 % der globalen Ressourcen verbraucht und den Großteil der weltweiten Umweltverschmutzung zu verantworten hat.

Forderungen und Übereinkommen

Die Geburtenrate sinkt, wenn der soziale, ökonomische und gesundheitliche Status von Frauen sich verbessert und der allgemeine Lebensstandard steigt. Die politischen und ökonomischen Gesetzmäßigkeiten, die in der herrschenden Weltordnung und in jedem einzelnen Land wirken und die Armut, Ungleichheit und Marginalisierung bei den Völkern des Südens - und zunehmend auch im Norden - erzeugen und reproduzieren, müssen geändert werden.

Militarismus, Verschuldung und Strukturanpassung sowie eine Handelspolitik, die von Konzernen und internationalen Finanz- und

Handelsinstitutionen wie dem Internationalen Währungsfonds, der Weltbank und dem GATT betrieben wird, ruinieren die Umwelt, stürzen die Mehrheit der Weltbevölkerung in Armut und reproduzieren die Ungleichheit der bestehenden Weltordnung. Wir verurteilen diese Politik und fordern die sofortige Aufnahme einer alternativen Politik, die auf den Grundsätzen von Gerechtigkeit, Gleichheit und Nachhaltigkeit gründet.

Atomwaffentests und toxische Abfälle vergiften die Umwelt, bedrohen die Nahrungsmittelversorgung und verursachen Unfruchtbarkeit, Geburtsschädigungen und Krankheiten. Wir verlangen ein Ende der Umweltkatastrophen, die das Recht von Frauen und Männern auf Gesundheit und auf gesunde Kinder untergraben.

Konsumverhalten und Produktionsweisen im Norden und bei den Privilegierten des Südens stellen die größte Bedrohung für den Fortbestand des Lebens auf der Erde dar und müssen geändert werden, um die Verschwendung der natürlichen Ressourcen und die Ausbeutung der Menschen zu stoppen.

Wir verurteilen und fordern die sofortige Beendigung von Strategien und Programmen - ob von Regierungen, Institutionen, Organisationen oder Unternehmen -, die auf eine Einschränkung des Selbstbestimmungsrechts von Frauen abzielen oder ihren Zugang zu Wissen und Mitteln behindern, die sie zur Ausübung ihrer reproduktiven Freiheit brauchen, einschließlich des Abbruchs ungewollter Schwangerschaften; wir fordern die sofortige Beendigung solcher Programme. Wir verurteilen aufs schärfste die Gewalt gegen Frauen, die als Opfer von rassistischer und klassenmäßiger Diskriminierung in extremer Armut leben, und gegen Frauen, die Zwangsmaßnahmen, mißbräuchlicher Sterilisation und Medikamentenversuchen ausgesetzt sind, und denen angemessene medizinische Versorgung und Aufklärung über Gesundheitsrisiken und Alternativen vorenthalten werden.

Wir rufen dazu auf, alle Programme der zwangsweisen Bevölkerungskontrolle aufzudecken, die von Regierungen, Geberorganisationen, multinationalen Institutionen, Konzernen oder NROs unterstützt oder durchgeführt werden, dagegen Widerstand zu leisten und die Verantwortlichen zur Rechenschaft zu ziehen.

Wir fordern eine frauenorientierte, von Frauen gemanagte und von Frauen kontrollierte, umfassende reproduktive Gesundheitsfürsorge; einschließlich vor- und nachgeburtlicher Betreuung, sicheren, legalen und freiwilligen Verhütungsmitteln und Abtreibungseinrichtungen, Sexualerziehung und Information für Mädchen und Jungen, sowie Erziehungsprogrammen, die auch Männer über männliche Verhütungsmethoden und über ihre elterliche Verantwortung unterrichten.

Wir fordern Einrichtungen zur Kinderbetreuung, Elternurlaub und Altersfürsorge, als familienunterstützende Angebote.

Wir fordern, daß wissenschaftliche Experimente im Zusammenhang mit Reproduktionstechnologie, insbesondere im Bereich der Gentechnologie und der Verhütung, nicht geheim sind, und daß sie in Verantwortung geschehen gegenüber den Belangen der Frau und gegenüber ethischen Kriterien, die in der Verteidigung der menschlichen Gattung und der Menschenrechte wurzeln.

Wir fordern, daß die Regierungen internationale Gesetze und Übereinkommen über reproduktive Rechte anerkennen und ihren Verpflichtungen nachkommen, die Nairobi-Zukunftsstrategien, den Bericht der Bevölkerungs-Konferenz 1984 und die UNCED-Vereinbarungen umzusetzen.

Wir fordern ebenfalls die schnelle und vollständige Ratifizierung und Umsetzung der UN-Konvention über die Abschaffung aller Formen der Diskriminierung von Frauen.

Wir fordern, daß nationale und internationale Gemeinschaften jetzt dahingehend aktiv werden, kommunal orientierte Ansätze gegen AIDS zu unterstützen, und mehr Forschung, Dienstleistung und Information für Frauen, Männer und Kinder zur Verfügung stellen über die Vorsorge und Behandlung von HIV-Infektion, AIDS und anderen sexuell übertragbaren Krankheiten. Dabei müssen die Menschenrechte der Infizierten respektiert werden.

Diese Forderungen bilden unsere Übereinkunft, und wir versprechen, sie in unser Leben und die praktische Politik unserer Organisationen zu integrieren. Wir verpflichten uns auch dazu, uns für die Erfüllung dieser Forderungen auf allen Ebene einzusetzen, lokal, national und international. Und wir rufen dazu auf, gemeinsam an dieser Übereinkunft weiterzuarbeiten, in Bejahung unserer Solidarität und unserer kulturellen Verschiedenheit.

Welt-Frauen-Vertrag für NROs
Auf der Suche nach einem gerechten und gesunden Planeten

Global Forum, Rio de Janeiro, Juni 1992

Wir erklären unsere Verpflichtung für die Stärkung von Frauenmacht - der zentralen und mächtigen Kraft auf der Suche nach einer heilen Umwelt, wirtschaftlicher und sozialer Gerechtigkeit, gleichberechtigter Umverteilung der Resourcen, dem Überleben der Artenvielfalt und unserem gemeinsamen Ziel eines gesunden Planeten, auf dem zukünftige Generationen gedeihen können.

Die Beteiligung von Frauen - der Hälfte der Weltbevölkerung - ist unverzichtbar in der Gestaltung des täglichen Lebens und der Politik, von der lokalen über die nationale bis zur internationalen Ebene. Überall sind Frauen Initiatorinnen und treibende Kraft von Umwelt- und Entwicklungsbewegungen. Ihre Sichtweise, Wertmaßstäbe, Kenntnisse und vielfältigen Erfahrungen müssen in die politische Leitung und Politikgestaltung eingebracht werden. Ihr tatsächlicher Ausschluß von Entscheidungsgewalt und die Mißachtung ihrer Belange und ihrer Meinung, gehören zu den Hauptursachen von Umweltzerstörung, zunehmender Armut, allgegenwärtigem Militarismus und Gewalt gegen Mensch und Natur.

Als AktivistInnen in Nicht-Regierungs-Organisationen verpflichten wir uns, zu fordern und dafür zu arbeiten, daß ein Gleichgewicht der Geschlechter beachtet wird bei der öffentlichen Beurteilung der Politik der Leitungsebene staatlicher Stellen und NROs sowie auf internationaler, regionaler, nationaler und lokaler Ebene in der Entscheidung, Durchführung, Verwaltung, Auswertung und Finanzierung. Wir fordern die Einführung von dezentralisierten Regierungsformen, in denen das Management der natürlichen Resourcen so organisiert ist, daß es die Menschen und die Gemeinschaften in den Mittelpunkt stellt.

Wir rufen alle NROs, soweit es sie betrifft, und alle Regierungen auf, die Forderungen der "Zukunftsstrategien von Nairobi zur Frauenförderung" (bestätigt von der UNO-Generalversammlung 1985) zu erfüllen und die UNO-Konventionen "Beseitigung von Frauendiskriminierung jeder Art",

"Menschenrechte" und "Rechte der Kinder" zu ratifizieren und zu erfüllen.

Wir müssen erkennen, daß die Regierungen bislang nicht in der Lage waren, die wahren Ursachen der globalen Krise anzugehen oder Vereinbarungen über Notmaßnahmen zur Rettung unseres Planeten zu treffen. Wir sehen die Hauptursachen dafür in Militarismus, Verschuldung, und in den Strukturanpassungs- und Welthandelsprogrammen, die betrieben werden von Multinationalen Konzernen und von Internationalen Finanz- und Handelsinstitutionen, wie dem Internationalen Währungsfonds, der Weltbank und dem Welthandelsabkommen (GATT). Die Politik dieser Institutionen verursacht die Zerstörung der menschlichen und natürlichen Lebensgrundlagen; sie führt zur zunehmenden Verarmung der Mehrheit der Weltbevölkerung; sie verewigt die Ungerechtigkeit der bestehenden Weltordnung; und sie trägt dazu bei, den Druck auf die natürlichen Ressourcen fortzusetzen und zu verstärken. Wir verurteilen diese Politik und fordern die sofortige Einführung einer alternativen Politik, die auf den Maximen Gerechtigkeit, Gleichheit und nachhaltige Nutzung basiert.

Wir verlangen die Streichung der sogenannten "Schulden" der Länder des Südens, die mehr als bezahlt sind durch die ungerechte Bezahlung ihrer Arbeit und ihrer Resourcen, durch die ihnen berechneten gigantischen Zinsen, und durch die daraus resultierende Verarmung der Menschen und der Umwelt. Wir bestehen darauf, daß der Nutzen einer solchen Streichung der Bevölkerung auf dem Land zugutekommen muß.

Wir verpflichten uns, für ein Modell nachhaltiger Entwicklung einzutreten, das allen Menschen ausreichende Lebensgrundlagen zuspricht und ihnen die vollen Menschenrechte garantiert. Dies schließt den Zugang zu sauberer Luft und sauberem Wasser ein, zu Nahrung, Unterkunft, Gesundheit, Bildung und Information; sowie den Genuß der bürgerlichen Freiheitsrechte und die Wahrung ihrer religiösen und kulturellen Integrität.

Wir bekräftigen unsere Überzeugung, daß eine intakte und nachhaltig genutzte Umwelt zur Voraussetzung hat: die Erreichung eines Weltfriedens und die Beendigung von Militarismus; einen sofortigen Stop der Herstellung von Atomwaffen und der Atomwaffentests sowie der unverantwortlichen Erzeugung, Deponierung und Verbrennung von Abfällen, ob radioaktiv, giftig oder ungiftig; eine gerechtere Verteilung des Reichtums der Welt, um den unverhältnismäßigen Konsum der Reichen überall in der Welt zu beenden; die Selbstbestimmung der Völker, die Achtung indigener Völker und die Respektierung ihres Lands, ihrer Kultur, und ihrer Traditionen; und weltweite gemeinsame Anstrengungen, unser vielfältiges natürliches Erbe zu schützen und wiederherzustellen.

Wir bestehen darauf, daß die Anhebung des sozialen, wirtschaftlichen, politischen und gesundheitlichen Status von Frauen Strategien und Aktivitäten erfordert, die ihnen gleichen Zugang sichern zu Bildung und Information; zu gerechter Entlohnung und sicheren Arbeitsbedingungen; zu Erbrechten, Krediten, angepaßter Technologie, umweltfreundlichen Konsumprodukten und Gesundheitsfürsorge. Wir verurteilen Diskriminierung auf der Basis von Geschlecht, Rasse, Ethnizität, Religion, unterschiedlichen Fähigkeiten und sexueller Vorliebe; und wir fordern, daß häusliche und sexuelle Gewalt gesellschaftlich verurteilt wird.

Wir können keinerlei Versuche akzeptieren, Frauen die freie Entscheidung über ihre Fortpflanzung abzusprechen; ihnen das Wissen vorzuenthalten, das zur Ausübung dieser Freiheit erforderlich ist; ihnen Einrichtungen für umfassende Gesundheitsfürsorge und Familienplanung zu verweigern: einschließlich des Rechts auf vorgeburtliche Betreuung; auf sichere, legale und freiwillige Verhütung und Abtreibung; und auf sexuelle Aufklärung und Information. Es muß die Existenz einer weltweiten Krebsepidemie anerkannt werden, was die Beseitigung krebserzeugender Substanzen in der Umwelt verlangt, die sich besonders negativ auf Frauen und Kinder auswirken. Es muß eine systematische Warnung und eine Erziehung aller bezüglich der Aidsgefahr geben. Und es muß gesteigerte Bemühungen geben, Berufsrisiken in Betrieben, Büros und in der Landwirtschaft auszuschalten.

Wir schaudern vor dem Leid, das verursacht werden könnte durch gentechnische Manipulation an Menschen und Pflanzen, und durch die Freisetzung genetisch manipulierter Organismen. Wir fordern die volle Beteiligung von Bürgerausschüssen an jeder Genehmigung, und daß genetisch veränderte Lebewesen oder genetische Verfahren nicht patentiert werden dürfen.

Wir verpflichten uns und wir drängen auf die Annahme und Praktizierung ethischer Grundsätze der Achtung vor allen Völkern und vor der Umwelt; und auf einen Technologietransfer, der angepaßt und nachhaltig ist.

Wir rufen alle Frauen und Männer auf, sich diesem Aufruf für eine grundsätzliche und sofortige Veränderung in den menschlichen Wertmaßstäben und Handlungsweisen anzuschließen. Als NROs verpflichten wir uns, in unser Bewußtsein und unsere Arbeit die pro grammatischen Forderungen der Frauenagenda 21 einzubeziehen, die zuerst angenommen wurde auf dem Welt-Frauen-Kongreß für einen heilen Planeten, und jetzt von den RegierungschefInnen auf dem Weltgipfel in Rio vom 3.-14.Juni 1992.

Agenda 21, Kapitel 24, Rio de Janeiro

Weltweites Handeln für Frauen mit dem Ziel einer dauerhaften und gerechten Entwicklung

Handlungsgrundlagen

24.1 Die internationale Gemeinschaft hat mehrere Aktionspläne und Konventionen gebilligt, die auf die volle, gleichberechtigte und dem Wohl der Frau verpflichtete Integration von Frauen in alle Entwicklungsaktivitäten abzielen. Dies trifft insbesondere auf die Zukunftsstrategien von Nairobi zur Förderung der Frau zu, in denen die Beteiligung von Frauen am nationalen und internationalen Management von Ökosystemen und an der Kontrolle von Umweltbelastung betont wird. Mehrere Konventionen, einschließlich der Konvention zur Beseitigung jeder Form von Diskriminierung der Frau (Resolution 34/180 der Generalversammlung) und Konventionen der ILO und UNESCO wurden auch deshalb verabschiedet, um die geschlechtsspezifische Diskriminierung zu beenden und den Frauen Zugang zu Land und anderen Ressourcen, zu Bildung und sicheren, gleichberechtigten Arbeitsplätzen zu verschaffen. Die Welterklärung über das Überleben, den Schutz und die Entwicklung der Kinder von 1990 und ihr Aktionsplan (A/45/625, Anhang) sind ebenfalls von Bedeutung. Die wirkungsvolle Durchführung dieser Programme wird von einer aktiven Beteiligung der Frauen an den ökonomischen und politischen Entscheidungsprozessen abhängen und sie ist gleichzeitig für die erfolgreiche Umsetzung der Agenda 21 von entscheidender Bedeutung.

Ziele

24.2. Den nationalen Regierungen werden folgende Ziele vorgeschlagen:

(a) Die Zukunftstrategien von Nairobi zur Förderung der Frau umzusetzen, insbesondere im Hinblick auf die Beteiligung der Frauen am Management nationaler Ökosysteme und an der Kontrolle von Umweltbelastung;

(b) Den Anteil an weiblichen Entscheidungsträgern, Planern, technischem Beratungspersonal, Managern und Fortbildungspersonal in den Bereichen Umwelt und Entwicklung zu erhöhen;

(c) Eine Strategie zu entwickeln und bis zum Jahr 2000 zu veröffentlichen, die die notwendigen Veränderungen benennt, um verfassungsrechtliche, gesetzliche, administrative, kulturelle, verhaltensbedingte, soziale und wirtschaftliche Hindernisse für die volle Beteiligung von Frauen an dauerhafter Entwicklung und am öffentlichen Leben aus dem Weg zu räumen;

(d) Bis zum Jahr 1995 auf nationaler, regionaler und internationaler Ebene Instrumente zu schaffen, mittels derer die Umsetzung und die Auswirkungen von Entwicklungs- und Umweltpolitiken und -programmen auf Frauen bewertet werden können, und mit deren Hilfe sichergestellt wird, daß Frauen daran beteiligt werden und Nutzen daraus ziehen;

(e) Wo dies angemessen erscheint, Curricula und andere Bildungsmaterialien einer Bewertung, Überprüfung und Überarbeitung zu unterziehen und diese mit dem Ziel anzuwenden, bei Männern und Frauen gleichermaßen die Verbreitung geschlechtsrelevanten Wissens und die Wertschätzung der Rolle der Frau zu fördern und zwar im Bereich der formellen und informellen Bildung ebenso wie in Berufsbildungseinrichtungen, in Zusammenarbeit mit Nichregierungsorganisationen;

(f) Eine klare Regierungspolitik und nationale Richtlinien zu formulieren und für deren Umsetzung zu sorgen, um Gleichberechtigung in allen gesellschaftlichen Bereichen zu erreichen, einschließlich der Förderung der Alphabetisierung, Bildung, Berufsbildung, Ernährung und Gesundheit von Frauen und ihrer Beteiligung in Schlüsselpositionen bei Entscheidungsprozessen und im Umweltmanagement, insbesondere was ihren Zugang zu Ressourcen betrifft, durch erleichterten Zugang zu allen Arten von Krediten, insbesondere im informellen Sektor, indem Maßnahmen ergriffen werden, die den Zugang von Frauen zu Eigentumsrechten ebenso wie zu landwirtschaftlichen Produktionsmitteln und Geräten sicherstellen;

(g) Im Einklang mit den spezifischen Bedingungen des Landes unverzüglich Maßnahmen zu ergreifen, um sicherzustellen, daß Frauen und Männer das gleiche Recht auf freie und verantwortungsvolle Entscheidung über die Zahl ihrer Kinder und den zeitlichen Abstand zwischen den Geburten haben und Zugang zu Informationen, Bildung und zu geeigneten Mitteln, damit sie dieses Recht in Übereinstimmung mit ihrer Freiheit, Würde und ihren persönlichen Werten ausüben können;

(h) Zu erwägen, Gesetze zu verabschieden, zu verschärfen und durchzusetzen, die die Anwendung von Gewalt gegen Frauen unter Strafe stellen und alle notwendigen administrativen, sozialen und bildungspolitischen Maßnahmen zur Beseitigung von Gewalt gegen Frauen in all ihren Ausprägungen zu ergreifen;

Handlungskatalog

24.3. Die Regierungen sollten aktive Schritte zur Umsetzung folgender Punkte unternehmen:

(a) Maßnahmen zur Überprüfung der bisherigen Politik und Einrichtung von Plänen zur Erhöhung des Frauenanteils bei Entscheidungsträgern, Planern, Managern, Wissenschaftlern und technischen Beratern, die mit der Erarbeitung, Entwicklung und Umsetzung von politischen Konzepten und Programmen für eine dauerhafte Entwicklung beschäftigt sind;

(b) Maßnahmen zur Stärkung und Unterstützung von Frauenbüros, Nichtregierungsorganisationen für Frauen und Frauengruppen, damit diese die Ausbildung von Fähigkeiten und Fertigkeiten für eine dauerhafte Entwicklung verbessern können;

(c) Maßnahmen zur Beseitigung des Analphabetismus bei Frauen und zur verstärkten Aufnahme von Frauen und Mädchen in Bildungseinrichtungen, zur Unterstützung des Ziels universellen Zugangs zu Grundschul- und weiterführender Bildung für Mädchen und Frauen, und zum Ausbau von Bildungs- und Berufsbildungsmöglichkeiten für Frauen und Mädchen in Wissenschaft und Technik, insbesondere im tertiären Bereich;

(d) Programme, die zur Reduzierung der schweren Arbeitslast von Frauen und Mädchen im Haushalt und außer Hauses beitragen sollen, z.B. durch Einrichtung von zusätzlichen und erschwinglichen Kindertagesstätten und Kindergärten durch Regierungen, Kommunalverwaltungen, Arbeitgeber und andere relevante Organisationen, und die die Beteiligung der Männer an der Hausarbeit auf gleichberechtigter Basis fördern sollen, ebenso die Bereitstellung von umweltverträglichen Technologien, die in Konsultation mit Frauen erarbeitet, entwickelt und verbessert wurden, von erreichbarem und sauberem Wasser, von effizienter Brennstoffversorgung und angemessenen sanitären Einrichtungen;

(e) Programme zum Auf- und Ausbau von medizinischen Einrichtungen zur Vorsorge und Heilung, einschließlich frauenorientierter, von Frauen geleiteter, sicherer und effektiver gynäkologischer Gesundheitsfürsorge sowie erschwinglicher, zugänglicher, verantwortlicher Familienplanung und der angemessenen Dienstleistungen, im Einklang mit der Freiheit, Würde und den persönlichen Wertvorstellungen der Frau. Die Programme sollten sich auf die Bereitstellung umfassender Gesundheitsfürsorge, einschließlich Schwangerschaftsvorsorge, Aufklärung und Information über Gesundheit und verantwortliche Elternschaft konzentrieren und sollten allen Frauen die Möglichkeit bieten, zumindest während der ersten vier Monate nach der Entbindung in vollem Umfang zu stillen. Die Programme sollten die produktive und reproduktive Rolle der Frau und ihr Wohlbefinden voll unterstützen und sollten der Notwendigkeit besondere Beachtung schenken, daß für alle Kinder eine gleiche und verbesserte Gesundheitsfürsorge gewährleistet sein muß und die Gefahr von Mütter- und Kindersterblichkeit und -krankheit reduziert wird;

(f) Programme zur Förderung und Sicherung gleicher Arbeitsplatzchancen und gleicher Bezahlung für Frauen im formellen und informellen Sektor mit angemessenen ökonomischen, politischen und sozialen Sicherungssystemen und Dienstleistungen, einschließlich Kinderbetreuung, insbesondere Tagesstätten und Elternurlaub, und gleichem Zugang zu Krediten, Landbesitz und anderen natürlichen Ressourcen;

(g) Programme zur Einrichtung von ländlichen Bankensystemen im Hinblick darauf, den Landfrauen einen erleichterten und verstärkten Zugang zu Krediten und landwirtschaftlichen Produktionsmitteln und Geräten zu verschaffen;

(h) Programme zur Weiterentwicklung des Verbraucherbewußtseins und der aktiven Beteiligung von Frauen unter Betonung ihrer entscheidenden Rolle bei der Durchsetzung von Veränderungen, die zur Reduzierung oder Beseitigung nicht tragfähiger Konsumverhaltens- und Produktionsweisen notwendig sind, insbesondere in den Industrieländern, um Investitionen in umweltverträgliche Produktionsweisen zu fördern und eine umweltfreundliche und sozialverträgliche industrielle Entwicklung einzuleiten;

(i) Programme zur Beseitigung von hartnäckig weiterbestehenden negativen Bildern, Stereotypen, Verhaltensweisen und Vorurteilen Frauen gegenüber durch eine Veränderung von Sozialisationsmustern, Medienberichterstattung, Werbung sowie formeller und informeller Bildung;

(j) Maßnahmen zur Überprüfung der in diesen Bereichen erreichten Fortschritte, einschließlich der Vorbereitung eines Berichts zur Überprüfung und Bewertung, der

Empfehlungen enthalten sollte, die der Weltfrauenkonferenz 1995 vorgelegt werden sollen.

24.4. Die Regierungen werden nachdrücklich gebeten, alle relevanten, Frauen betreffenden Konventionen zu ratifizieren, sofern dies noch nicht geschehen ist. Diejenigen Regierungen, die Konventionen ratifiziert haben, sollten rechtliche, verfassungsmäßige und administrative Verfahrensweisen zur Umsetzung vereinbarter Rechte in nationales Recht einführen und durchsetzen, und sollten Maßnahmen zu ihrer Umsetzung beschließen, um die Rechtsstellung von Frauen zu stärken, die sie zur vollen und gleichberechtigten Beteiligung bei Fragen und Entscheidungen über eine dauerhafte Entwicklung befähigt.

24.5. Die Vertragsparteien der Konvention zur Beseitigung jeder Form von Diskriminierung der Frau sollten diese überprüfen und bis zum Jahr 2000 Ergänzungen vorschlagen, im Hinblick auf die Stärkung derjenigen Elemente der Konvention, die sich auf Umwelt und Entwicklung beziehen, wobei folgenden Fragen besondere Beachtung geschenkt werden sollte: dem Zugang zu Naturressourcen, Technologie und kreativen Bankeinrichtungen sowie billigen Wohnungen und dem Rechtsanspruch darauf, sowie der Kontrolle von Verschmutzung und Giftkonzentrationen zuhause und am Arbeitsplatz. Die Vertragsparteien sollten auch den Geltungsbereich der Konvention in Bezug auf die Fragen von Umwelt und Entwicklung klarstellen und den Ausschuß zur Beseitigung der Diskriminierung der Frau auffordern, Richtlinien zur Berichterstattung über diese Fragen zu entwickeln, die in bestimmten Artikeln der Konvention verlangt wird.

Bereiche, die dringendes Handeln erfordern

24.6. Die Länder sollten dringend Maßnahmen ergreifen, um die fortschreitende rapide Verschlechterung der Umwelt- und Wirtschaftsbedingungen in den Entwicklungsländern abzuwenden, die sich allgemein auf das Leben von Frauen und Kindern in ländlichen Regionen auswirkt, die unter Dürre, Desertifikation und Entwaldung, bewaffneten Konflikten, Naturkatastrophen, Giftmüll oder den Folgewirkungen des Gebrauchs von ungeeigneten agrochemischen Produkten leiden.

24.7. Um diese Ziele zu verwirklichen, sollten Frauen in vollem Umfang in Entscheidungsprozesse und die Umsetzung von tragfähigen Entwicklungsaktivitäten miteinbezogen werden.

Forschung, Datensammlung und Informationsverbreitung

24.8. Die Länder sollten in Zusammenarbeit mit akademischen Einrichtungen und Forscherinnen vor Ort unter Berücksichtigung geschlechtsspezifischer Faktoren Datenbanken, Informationssysteme und auf partizipatives Handeln ausgerichtete Forschung und Politikanalysen zu folgenden Fragen entwickeln:

(a) Wissen und Erfahrung von Frauen über Bewirtschaftung und Erhaltung natürlicher Ressourcen zwecks Einbeziehung in Datenbanken und Informationssysteme über eine dauerhafte Entwicklung;

(b) Auswirkungen von Strukturanpassungsprogrammen auf Frauen. In der Forschung über Strukturanpassungsprogramme sollte den spezifischen Auswirkungen dieser Programme auf Frauen besondere Aufmerksamkeit geschenkt werden, insbesondere was Kürzungen von Sozialleistungen und im Bildungs- und Gesundheitswesen betrifft sowie bei der Abschaffung von Preissubventionen für Lebensmittel und Brennstoffe;

(c) Auswirkungen von verschlechterten Umweltbedingungen auf Frauen, insbesondere von Dürren, Desertifikation, giftigen Chemikalien und bewaffneten Auseinandersetzungen;

(d) Analyse der strukturellen Zusammenhänge zwischen Umwelt und Entwicklung und den Beziehungen der Geschlechter zueinander;

(e) Einbeziehung des Wertes unbezahlter Arbeit, einschließlich der Arbeit, die gegenwärtig als »Hausarbeit« bezeichnet wird, in Bilanzierungssysteme, um den wahren Wert des Beitrags von Frauen zur Volkswirtschaft besser darzustellen, wozu die überarbeiteten Richtlinien für das System der Vereinten Nationen für Nationale Statistiken verwendet werden sollten, die 1993 veröffentlicht werden sollen;

(f) Maßnahmen zur Entwicklung und Einbeziehung von Analysen der Auswirkungen im Umwelt-, sozialen und geschlechtsspezifischen Bereich als wesentlichen Schritt für die Entwicklung und Überprüfung von Programmen und Politiken;

(g) Programme zur Schaffung ländlicher und städtischer Zentren für Berufsbildung, Forschung und Ressourcentransfer in Entwicklungs- und Industrieländern, die umweltverträgliche Technologien an Frauen weitergeben sollen;

Internationale und regionale Zusammenarbeit und Koordination

24.9. Der Generalsekretär der Vereinten Nationen sollte alle UN-Institutionen, einschließlich derer die sich besonders mit der Rolle der Frau befassen, daraufhin überprüfen, ob sie auf die Umsetzung der entwicklungs- und umweltpolitischen Ziele zugeschnitten sind, und Empfehlungen zur Stärkung ihrer Leistungsfähigkeit geben. Institutionen, die diesbezüglich besondere Beachtung verdienen, sind die Abteilung für Frauenförderung (Zentrum für Soziale Entwicklung und Humanitäre Angelegenheiten, Büro der Vereinten Nationen in Wien), der Entwicklungsfonds der Vereinten Nationen für die Frau (UNIFEM), das Internationale Forschungs- und Ausbildungsinstitut zur Förderung der Frau (INSTRAW) sowie die Frauenprogramme der Regionalkommissionen. Die Überprüfung sollte sich darauf beziehen, wie die Umwelt- und Entwicklungsprogramme jedes Organs des UN-Systems gestärkt werden könnten, um die Agenda 21 umzusetzen und wie die Rolle der Frau in Programme und Entscheidungen bezüglich einer dauerhaften Entwicklung miteinbezogen werden kann.

24.10. Jedes Organ des UN-Systems sollte die Zahl der Frauen in höheren politischen und Entscheidungspositionen überprüfen und, wo dies angemessen erscheint, Programme zur Erhöhung dieser Zahl beschließen, in Übereinstimmung mit der Resolution des Wirtschafts- und Sozialrats 1991/17 zur Verbesserung des Status der Frauen im Sekretariat.

24.11. UNIFEM sollte in Zusammenarbeit mit UNICEF regelmäßige Konsultationen mit den Geldgebern durchführen, mit dem Ziel, umsetzbare Programme und Projekte zu einer dauerhaften Entwicklung zu fördern, die die Beteiligung von Frauen (insbesondere von Frauen mit niedrigem Einkommen) an einer dauerhaften Entwicklung und an Entscheidungsprozessen verbessern. UNDP sollte in jedem seiner örtlichen Vertretungsbüros einen Frauen-Schwerpunkt zu Entwicklung und Umwelt einrichten, um Informationen bereitzustellen und den Erfahrungs- und Informationsaustausch in diesen Bereichen voranzutreiben. Organe des UN-Systems, Regierungen und Nichtregierungsorganisationen, die am Folgeprogramm der Konferenz und der Umsetzung der Agenda 21 beteiligt sind, sollten sicherstellen, daß geschlechtsspezifische Gesichtspunkte vollständig in die Politik und alle Programme und Aktivitäten integriert sind.

Mittel zur Umsetzung
Finanzen und Kosteneinschätzung

24.12. Das UNCED-Sekretariat geht davon aus, daß die internationale Gemeinschaft für die Umsetzung der Aktivitäten dieses Kapitels durchschnittlich pro Jahr (1993-2000) etwa 40 Millionen US-Dollar auf Zuschuß- und Konzessionsbasis aufbringen muß. Dies sind nur Schätzungen und Orientierungswerte über die ungefähre Größenordnung, die noch nicht von den Regierungen überprüft wurden. Die tatsächlichen Kosten und finanziellen Bedingungen, einschließlich derer, die nicht konzessioniert sind, werden unter anderem von den spezifischen Strategien und Programmen, über deren Umsetzung die Regierungen entscheiden, abhängen.

LITERATUR

Anil Agarwal, Between Need and Greed: The Waisting of India - the Greening of India, in: Agarwal, Anil/D'Monte, Darryl/Samarth, Ujwala, The Fight for Survival. People`s Action for Environment, New Delhi, 1988, S.169-195

Agarwal, Bina, Cold Hearth and Barren Slopes, The Woodfuel Crisis in the Third World, New Delhi 1986

dies., The Gender and Environment Debate: Lessons from India, in: Feminist Studies 18, No 1, Spring 1992, S.119-159

Ruth Becker, Konsumverzicht - Einzig verbliebene Widerstandsform gegen Kapitalismus und Patriarchat? in: Kommune, 1/199o, S.55-6o

Janet Biehl, Der soziale Ökofeminismus und andere Aufsätze, Grafenau-Döffingen 1991

Raimund Bleischitz/Helmut Schütz, Unser trügerischer Wohlstand. ein Beitrag zu einer deutschen Ökobilanz, Wuppertal 1992

Ester Boserup, Die ökonomische Rolle der Frau in Afrika, Asien und Lateinamerika, Stuttgart 1982

Gabriele Broetz, "Uns bleibt nur der Hunger", Zur Handlungsrationalität von Frauen in Mali, Hamburg 1992

Elizabeth Cecelski, The Rural Energy Crisis: Women`s Work and Basic Needs, ILO, Geneva 1985

Ewa Charkiewicz-Pluta/Sabine Häusler, Remaking the World Together. Women, the Environment and Sustainable Development, ISS, Den Haag 1991

CSE, Centre for Science and Environment, The State of India`s Environment 1984-5. A Citizen`s Report, New Delhi 1985

David Connar, Is AIDS the Answer to an Environmentalist's Prayer?, in: Earth First! Dec.27. 1987

Joan Dankelman/Irene Davidson, Frauen und Umwelt in den südlichen Kontinenten, Wuppertal 199O

DAWN, Development, Crises and Alternative Visions. Third World Women's Perspectives, Stavanger 1985

dass., Environment and Development: Grass Roots Women's Perspective, Barbados 1992

Irene Diamond/Gloria Feman Orenstein (eds.), Reweaving the World. The Emergence of Ecofeminism, San Francisco 1990

Die Grünen im Bundestag/AK Frauenpolitik (Hg.) Frauen & Ökologie. Gegen den Machbarkeitswahn, Köln 1987

H.-J. Fietkau/H. Kessel, Umweltbewußtsein - nur ein Schlagwort? In: Beer,W./de Haan,G.(Hg.). Ökopädagogik, Weinheim/Basel 1984

Evelyn Fox Keller, Liebe, Macht und Erkenntnis. Männliche oder weibliche Wissenschaft? München/Wien 1986

Ute Gerhard/Mechtild Jansen u.a. (Hg.), Differenz und Gleichheit. Menschenrechte haben (k)ein Geschlecht, Frankfurt 1990

Carol Gilligan, Die andere Stimme. Lebenskonflikte und Moral der Frau, München 1984

Susan Griffin, Frau und Natur. Das Brüllen in ihr, Frankfurt 1987

Sandra Harding, Feministische Wissenschaftstheorie. Zum Verhältnis von Wissenschaft und sozialem Geschlecht, Hamburg 1990

Hazel Henderson, Global denken, lokal handeln, in: Lutz, Rüdiger (Hg.), Bewußtseins (R)evolution, Weinheim 1983, S.186-197

ILO, Linking Energy with Survival, Geneva, 1987

INSTRAW news, Women and Development, No.16, 1991

Luce Irigaray, Die Zeit der Differenz. Für eine friedliche Revolution, Frankfurt/New York 1991

Ynestra King, Feminismus und Revolte. Was uns eint und trennt, in: Lutz, Rüdiger (Hg.) Frauenzukünfte, Weinheim 1984, S. 87-93

Melissa Leach, Gender, environment and resources: Issues, aporaches and a West African case study, in: Gender, environment and development. Some interlinkages, SIDA 1992

Libreria delle donne di Milano, Wie weibliche Freiheit entsteht. Eine neue politische Praxis. Berlin 1988

Carol MacCormack/Marilyn Strathern (eds.), Nature, culture and gender, Cambridge 1980

Carol MacCormack, - Natur, Kultur und Geschlecht: Eine Kritik. in: Arbeitsgruppe Ethologie Wien (Hrsg.) - Von fremden Frauen, Frankfurt 1989, S.68-100

J.W.Mellor, The Intertwinning of Environmental Problems und Poverty, in: Environment, Vol.3O, Nov. 1988, S.8-13

Carolyn Merchant, Der Tod der Natur. Ökologie, Frauen und neuzeitliche Naturwissenschaft, München 1987

Maria Mies, Patriarchat und Kapital. Frauen in der internationalen Arbeitsteilung, Zürich 1988

dies., Consumption Patterns of the North - the Cause of Environmental Destruction and Poverty in the South, Paper presented at the Symposium "Women and Children First", Geneva 27-30 May 1991

Marie Monimart, Women in the Fight against Desertification, OECD 1989

Caroline Moser, Gender Planning in the Third World: Meeting Practical and Strategic Gender Needs, in: World Development, No.11, 1989, S.1799-1826

Sherry B. Ortner, Is Female to Male as Natur is to Culture? in: Rosaldo, M.Z./Lamphere, L. (eds.) - Woman, Culture and Society, Stanford 1974, S.67-88

David Pierce, The Sustainable Use of Natural Resources in Developing Countries, in: Turner, R.K., Sustainable Environmental Management - Principles and Practice, Boulder/Colorado 1988

Judith Plant (ed.), Healing The Wounds. The Promise of Ecofeminism, Philadelphia 1989

Val Plumvood, Feminism and Ecofeminism: Beyond the Dualistic Assumptions of Women, Men and Nature, in: The Ecologist, Vol.22, No.1, 1992, S.8-13

prima, Die Ergebnisse der großen prima-Umfrage, Heft 6/Juni 1992, S.82ff

Dianne Rocheleau, Whose common Future? Gender division of rights, responsibilities, knowledge and work in rural landscapes, in: Gender, environment and development. Some interlinkages, SIDA 1992

Annabel Rodda (ed.), Women and the Environment, London/New Jersey 1991

Madhu Sarin, Women build where others destroy, in: Down to Earth, June 15, 1992, S.45f

Hildegard Scheu, Wider die Zerstörung des Lebens. "Entwicklung" und Alternativen der Veränderung aus der Perspektive indischer Frauen, in: Becker, Egon (Hg.), Entwicklung - Ökologie - Erziehung - "3.Welt", Jahrbuch Pädagogik: Dritte Welt 1989/90, Frankfurt 1992, S.237-272

Irmgard Schulz, Die Folgen von Tschernobyl, Frankfurt 1986

Irmgard Schulz/Monika Weiland, Frauen und Müll. Frauen als Handelnde in der kommunalen Abfallwirtschft, Frankfurt 1991

Vandana Shiva, Das Geschlecht des Lebens, Berlin 1989

dies., Role of modern science in the ecological crises, in: Third World Resurgence, No.16, 1992, S.2-5

Starhawk, Wilde Kräfte. Sex und Magie für eine erfüllte Welt, Freiburg 1987

dies., Der Hexenkult als Ur-Religion der Großen Göttin. Magische Übungen, Rituale und Anrufungen, Freiburg 1991

dies., Mit Hexenmacht die Welt verändern, Freiburg 1991

Christina Thürmer-Rohr, Vagabundinnen, Berlin 1987

WEDO, News & Views, Vol.5, No.1, May-June 1992

WEED, Ökologische Dimensionen der Weltwirtschaftsbeziehungen. Darstellung, Analyse und Handlungsempfehlungen für den Norden, Bonn 1992

Claudia v. Werlhof/Maria Mies/Bennholdt-Thomsen, Frauen, die letzte Kolonie, Reinbek 1983

Christa Wichterich, Paradigmenwechsel: Von der "Integration in die Entwicklung" zur "Feminisierung der Entwicklung", in: Peripherie, Nr.25/26, 1986, S.12-143

dies., Überlebenspragmatikerinnen - ein Bein in der Subsistenz-, das andere in der Warenproduktion. Erfahrungen mit Stammesfrauen in Indien, in: beiträge zur feministischen theorie und praxis 23, 1988, S.9-21

dies., Die Hausfrauen der Entwicklung. Zur Konjunktur der Mütterlichkeit in der Entwicklungspolitik, in: Dörfler, Annelie u.a. (Hrsg.), ... dazwischen liegen Welten... , Saarbrücken/Fort Lauderdale 1988, S.93-1o3

dies., Frauen des Südens - Trümmerfrauen der Entwicklung, in: beiträge zur feministischen theorie und praxis 29, 1991, S.25-31

World Bank (ed.), UNCED Network News, No.4, 1992

WorldWIDE Bulletin, Fall 1991

GRUPPEN, ORGANISATIONEN, INSTITUTIONEN

die zum Thema Frauen, Umwelt und Entwicklung arbeiten

DAWN (Development Alternatives with Women for a New Era)
c/o Peggy Antrobus, WAND, Extra Mural Department, University of West Indies, Pinelands, St. Michael, Barbados

FINRRAGE (Feminist International Network of Resistance to Reproductive and Genetic Engineering)
Postfach 20 19 03, 2000 Hamburg 20

Gen-ethischer Informationsdienst
Winterfeldstr.3, 1000 Berlin 30

INSTRAW (International Institute for Research and Training for the Advancement of Women), Calle Cesar Penson No 120-A, Santo Domingo, Dominikanische Republik

NRO-Frauenforum
c/o Petra Loch, WUS, Goebenstr.35, 6200 Wiesbaden

SWAGSD (UNEP's Senior Women's Advisory Group on Sustainable Development)
c/o Joan Martin-Brown, UNEP, 1889 F Street, NW Washington,
DC 200006, USA

UNIFEM (United Nations Development Fund of Women)
304 E 45th Street 6th Floor NY, NY 10017, USA

WEDNET (Women, Environment and Development Network)
c/o ELCI, Rosemary Jommo, P.O.Box 72461 Nairobi, Kenia

WEDO (Women's Environment and Development Organisation)
845 Third Avenue, 15th Floor, New York, NY 10022, USA

WEN (Women's Environmental Network)
Aberdeen Studios, 22 Highbury Grove, London N5 2EA

WGNRR (Women's Global Network for Reproductive Rights)
NZ Voorburgwal 32, 1012 RZ Amsterdam, Niederlande

WIDE (Women in Development Europe)
c/o Pauline Eccles, Irish Commission for Justice and Peace, 169 Booterstown Avenue, Blackrock Co. Dublin, Irland

WorldWIDE Network (World Women in Environment)
1331 H Street, N.W., Suite 903, Washington D.C. 20005, USA

Bildnachweis

Titel: Chipko Andolan - Indische Frauen umarmen die Bäume
Foto von Rainer Hörig

Seite 95: Frauen aus der Greenbelt-Bewegung mit Setzlingen
Foto von Uwe Hoering

Seite 128: Kuhmist als Brennmaterial
Foto von Christa Wichterich

Die Autorin

Dr. Christa Wichterich arbeitet als freie Autorin und Gutachterin zu den Themen "Frauen in den Ländern des Südens", "Entwicklungspolitik", "Bevölkerungspolitik", "Ökologie". Sie hat mehrere Jahre in Indien und Kenia gelebt.

Die Schriftenreihe der Heinrich-Böll-Stiftung e.V.

Wer küsst die Republik?
Reden zum Kongress am 6.Mai 1989 von Hilde von Braunmühl und Ralph Giordano
August 1989, 42 Seiten, DM 4,-
vergriffen

Ist die technisch-wissenschaftliche Zukunft demokratisch beherrschbar?
Beiträge zum Kongreß der Heinrich-Böll-Stiftung im Januar 1989
u.a. von Ulrich Beck, Ernst Ulrich von Weizsäcker, Regine Kollek, Konrad Adam, Reinhard Ueberhorst, Ulrike Teubner
Hg.: Roland Schaeffer
Januar 1990, 220 Seiten, DM 10,-

Memorial. Aufklärung der Geschichte und Gestaltung der Zukunft
Hg.: Arbeitskreis Memorial in der Heinrich-Böll-Stiftung
2. Auflage Juni 1990, 116 Seiten, DM 5,-

In freier Selbstbestimmung. Für eine Gesamtdeutsche Verfassung mit Volksentscheid
Hg.: Kuratorium für einen demokratisch verfaßten Bund deutscher Länder
Mit Beiträgen von Günter Grass, Wolfgang Ullmann u.a.
2. Auflage 1991, 178 Seiten, DM 7,-

Stiftungsgespräche 1
Johannes Stüttgen: Der erweiterte Kunstbegriff und Joseph Beuys' Idee der Stiftung
Januar 1991, 62 Seiten, DM 6,-
vergriffen

Die ungleiche Praxis des Paragraphen 218
Eine Darstellung der Wege und Umwege zu einem legalen Schwangerschaftsabbruch in der Bundesrepublik Deutschland im Jahre 1990 von Renate Sadrozinski
Januar 1991, 100 Seiten, DM 8,-

Verfassung mit Volksentscheid
Reden auf dem Weimarer Kongreß im September 1990
Mit Beiträgen von Lea Rosh, Adam Krzeminski, Hans-Peter Schneider und Wolfgang Ullmann
Hg.: Kuratorium für einen demokratisch verfaßten Bund deutscher Länder
Februar 1991, 58 Seiten, DM 6,-

Entstaatlichung und Veröffentlichung. Die Hochschule als republikanischer Ort
von Michael Daxner
Eine neue Hochschulpolitik: ökologisch, demokratisch und sozial
von Jürgen Lüthje und Henning Schrimpf
Mit einem Vorwort von Dietrich Wetzel
März 1991, 238 Seiten, DM 10,-

Wege zur Klimastabilisierung. Atmosphärenschutz als Herausforderung an Wirtschaft, Politik und Gesellschaft
von Reinhard Loske
März 1991, 133 Seiten, DM 7,-

Vom Grundgesetz zur deutschen Verfassung. Verfassungsentwurf und Denkschrift
Hg.: Kuratorium für einen demokratisch verfaßten Bund deutscher Länder
2. Auflage Juli 1991, 208 Seiten, DM 8,-

Die Kontinuität des Wegsehens und Mitmachens
Entwurf eines Gesetzes über die Sicherung und Nutzung der Daten und Unterlagen des Ministeriums für Staatssicherheit der Deutschen Demokratischen Republik. Mit einem Beitrag von Jürgen Fuchs
August 1991, 80 Seiten, DM 5,-

Literaturen in der "Sowjetunion"
Mit Beiträgen von Alexander Askoldov, Efim Etkind, Regina Ezera u.a. zum deutsch - "sowjetischen" SchriftstellerInnen-Treffen im Heinrich-Böll-Haus Langenbroich, Juni 1991
Dezember 1991, 138 Seiten, DM 8,-

Die Demokratie der Nomenklatura
Zur gegenwärtigen Lage in Rumänien
Hg.: Menschenrechtskomitee Rumänien in der Heinrich-Böll-Stiftung
Dezember 1991, 166 Seiten, DM 8,-

Komponistinnen und ihr Werk
Eine Dokumentation der Veranstaltungsreihe gleichen Titels in den Jahren 1990/91 von Christel Nies
Januar 1992, 180 Seiten, DM 12,-

Genug ist Genug
Offener Kündigungsbrief von Davison L. Buddho an den Geschäftsführenden Direktor des Internationalen Währungsfonds
April 1992, 138 Seiten, DM 8,-

Die Erde bemuttern
Frauen und Ökologie nach dem Erdgipfel in Rio
von Christa Wichterich
November 1992, 172 Seiten, DM 10,-

Preise inklusive Versandkosten. Bestellungen bitte an die:
Heinrich-Böll-Stiftung, Unter Krahnenbäumen 9, 5000 Köln 1